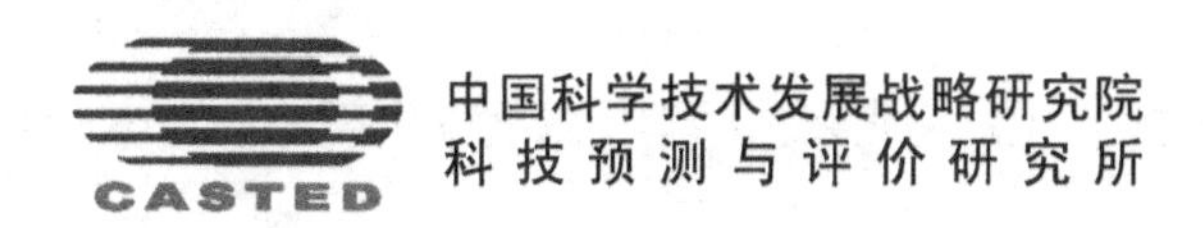


# 技术前瞻与评价

# *Technology Foresight and Assessment*

第2卷 第1辑 Volume 2 Number 1 2016

·北京·

**图书在版编目（CIP）数据**

技术前瞻与评价. 第2卷. 第1辑，2016 / 胡志坚主编. —北京：科学技术文献出版社，2016.12
ISBN 978-7-5189-2269-7

Ⅰ. ①技… Ⅱ. ①胡… Ⅲ. ①科学技术—技术发展—文集 Ⅳ. ① N1-53

中国版本图书馆 CIP 数据核字（2017）第 003920 号

**技术前瞻与评价　第2卷　第1辑　2016**

策划编辑：孙江莉　　责任编辑：李　晴　　责任校对：文　浩　　责任出版：张志平

出 版 者　科学技术文献出版社
地　　址　北京市复兴路15号　邮编 100038
编 务 部　(010) 58882938，58882087（传真）
发 行 部　(010) 58882868，58882874（传真）
邮 购 部　(010) 58882873
官方网址　www.stdp.com.cn
发 行 者　科学技术文献出版社发行　全国各地新华书店经销
印 刷 者　虎彩印艺股份有限公司
版　　次　2016 年 12 月第 1 版　2018 年 3 月第 1 次印刷
开　　本　787 × 1092　1/16
字　　数　198千
印　　张　10
书　　号　ISBN 978-7-5189-2269-7
定　　价　45.00元

**编辑部联系方式**

电话：010-58884510
邮箱：yuanlk@casted.org.cn

# 目　录

# Contents

研究论文

科技管理视角下的国家科技规划实施及顶层推进框架设计研究
............黄宁燕　孙玉明　冯楚建（1）

路线图模块化——技术、产品、应用、市场和社会的集成预测：锂电池 LIB 案例分析
............Andreas Sauer　Axel Thielmann　Ralf Isenmann（10）

中国地球空间信息及服务产业技术路线图研究............许　晔　左晓利（32）

服务转型路线图的制定：基于技术组织的视角
............Robert R. Harmon　Gregory L. Laird（42）

基于共享问题开发的技术路线图研究............Tsunayoshi Egawa　Kunio Shirahada（59）

技术路线图制定与中小型企业：文献综述
............Norin Arshed　Jone Finch　Raluca Bunduchi（70）

## 研究报告

国际产业技术路线图研究进展及启示 ……（90）

欧洲自动驾驶智能系统路线图 ……（100）

技术路线图：智能移动技术、材料、制造流程以及汽车轻量化 ……（121）

英国碳捕集、利用与封存技术发展路线图 ……（140）

韩国最新物联网产业推进政策举措 ……（146）

# 科技管理视角下的国家科技规划实施及顶层推进框架设计研究

黄宁燕[1]，孙玉明[2]，冯楚建[2]

（1. 中国科学技术信息研究所，北京 100038；2. 科学技术部，北京 100862）

**摘要** 本研究从科技规划实施的关键环节——科技管理角度出发，通过顶层设计把握国家科技规划实施推进，设计了针对科技规划实施的顶层推进管理框架，目的是尽可能避免规划实施过程因系统结构而出现系统性、战略性、有序性和协调性问题，以帮助科技管理部门有序、协调地推进科技规划的实施。

**关键词** 顶层设计；中长期科技规划；科技管理；管理科学化

# Research on Implementation of National Science and Technology Planning and Top-level Framework Design for Advancing from a Perspective of Science and Technology Management

Huang Ningyan[1], Sun Yuming[2], Feng Chujian[2]

(1.Institute of Science and Technology Information of China, Beijing 100038;

2.Ministry of Science & Technology of China, Beijing 100862)

**Abstract** The current problems of the implementation of China's national science and technology planning mainly relate to structural, systemic problems, which are usually caused by the lack of management arrangements from the overall top-level design. Starting from the perspective of technology management, the key aspects for the implementation of science and technology planning, this research explores to make a top-

---

基金项目：国家软科学研究计划项目“国家中长期科学技术发展规划纲要实施的阶段性策略、部署及方法研究”（2010GXS1K010）。

作者简介：黄宁燕（1970–），女，浙江上虞人，管理科学与工程博士，中国科学技术信息研究所副研究员；研究方向：科技政策与管理。

level design for an overall pushing the implementation of national science and technology planning. A framework for the implementation of science and technology planning from the top-level is designed, aiming at avoiding such problems relating to system, strategy, order and coordination, which will help the science and technology management sectors to implement the technology planning orderly and with coordination.

**Key Word** Planning, Long-term science and technology planning, Science and technology management, Scientific management

# 1 科技管理角度下的科技规划实施

推进科技规划的实施是科技管理工作的一项重要内容，是科技管理部门的重大职责[1-3]。实施好规划才是制定规划的意义所在。科技规划实施就是有关部门在一定时期内根据规划目标对未来科技活动进行资源配置、实现科技规划所设定目标的过程。国家科技规划属“重大行政决策”范畴，是科技管理部门承担的重大国家行政工作。重大行政决策的范围包括六大类：一是规划类；二是开发利用重大自然资源类；三是重大政策类；四是重大管理措施类；五是重大项目类；六是重大突发事件应急预案的制定和调整[4]。我国具体执行科技管理职能的政府行政部门是国家科技部和地方科技厅（局），科技规划正是由这些政府科技部门组织和推进。尽管科技规划实施的承担者是具体的科研单位和科研团队，但就本质而言，科技规划是一种科技管理工具，首先必须经过科技管理部门这一级进行组织和推进，然后实施才会落到具体的科研单位和科研团队层次。科技管理部门科学、高效的组织管理工作是决定科技规划目标能否实现的第一步。因此，提高科技管理视角下的科技规划实施比其他角度都更为要紧和现实，从科技管理角度出发研究推进科技规划实施的科学方法可为提高实施效果起到事半功倍的作用。

相对于丰富的科技规划实践活动，长期以来我国在科技规划方面的理论和方法研究却相当匮乏，研究成果非常少，且主要偏重于规划制定，从科技规划实施的推进者——科技管理部门角度出发的研究成果更为少见。本研究希望为基于科技管理部门角度的规划实施研究起到抛砖引玉的作用，引导更多学者参与到这个具有创新性的应用研究领域中来。

# 2 我国科技规划实施现状及分析

## 2.1 制定与实施脱节

我国传统的规划思想是将规划决策过程和规划实施过程分割开来。尽管国家对制定和实施总体上都非常重视，但对二者的重视程度极为不均衡，存在“重决策轻执行”的倾向。从历次科技规划来看，政府在规划的编制方面往往投入大量人力物力，邀请很多专家学者进行讨论和修订，然而对于如何实施科技规划、实施方案如何制定则没有投入同等力量，至于后续执行、执行过程的评估、评估之后方案的改进和动态更新，以及规划实施何时以何种方式来终结，更是与对制定规划的关注程度不可同日而语，这导致规划目标与实际发展状况严重脱节的情况十分常见[5]，严重影响政府的公信度。

## 2.2 科技规划实施的做法总结

我国科技规划经过多年的实践逐步形成了一些常规的做法。以《国家中长期科学和技术发展规划纲要（2006—2020）》（以下简称《规划纲要》）为例可清楚地了解目前我国科技规划实施的实践做法。《规划纲要》目前已进入第二个实施阶段，即十二五规划实施时期，2006 年以来国家采取了一些与推进实施有关的阶段性管理举措。分阶段推动规划的实施、通过计划进行任务分解与落实、通过评估对规划的执行进行调整是目前科技规划实施的主要管理方式。具体来说，《规划纲要》主要遵从了以下一些阶段性的管理做法。

第一，我国对 15 年《规划纲要》的实施分阶段制定阶段目标及任务，即在第一个阶段实施前制定第一阶段目标和任务，第二个阶段实施前制定第二阶段的目标和任务。第二，任务部署及实施路径主要遵循的是融入主体科技计划的方式，即：中长期规划⟶五年规划⟶年度计划⟶主体计划（重大专项、973、863、支撑等）⟶项目实施，此外辅以配套政策。《规划纲要》第二个实施阶段即十二五科技规划中，采用了国家技术路线图及若干重点领域路线图等方式来分解与落实任务，针对重点专项任务制定专项规划。第三，通过评估对规划实施进行动态调整。2009 年科技部针对十一五科技规划进行了执行评估，又于 2011 年开展了《规划纲要》的阶段性评估暨十一五执行情况评估，2013 年 10 月开始整个《规划纲要》的中期评估，十二五结束到十三五才会进行一次阶段性评估，十三五中期也会开展一次阶段性中期评估，十三五结束后将对《规划纲要》的执行开展总评估或后评估。中期评估和阶段性评估的结果是对《规划纲要》进行阶段性调整的重要依据。通过对《规划纲要》十一五期间的执行情况的评估分析，十二五科技规划制定过程中对研发投入强度阶段性目标、对外依存度指标、专利和论文指标等量化目标进行了调整，对基础研究和前沿技术领域等非定量目标进行了调整。

## 2.3 科技规划实施存在的深层次问题分析

第一，规划实施的各阶段之间总体割裂。虽然规划是分阶段实施的，但各阶段的目标与任务并没有在实施前给予通盘考虑，而仅是通过五年规划的制定来实现。例如，《规划纲要》历时 15 年，十一五时期是中长期规划实施的第一阶段，第一阶段的目标和任务是在制定十一五科技规划时确定的，而第二阶段的目标和任务要等到制定十二五科技规划时才会得到考虑与确定。尽管在制定第一阶段目标和任务时会从整体上考虑规划整体目标，但并未将第二和第三阶段纳入整体关注。因此，从制定角度来看，《规划纲要》实施的各阶段的目标和任务之间是总体割裂的，各阶段目标和任务与中长期规划总体之间及各阶段目标和任务之间缺乏紧密关联。

第二，按照五年规划的阶段实施管理方式过于刚性，难以根据形势变化进行及时调整。以《规划纲要》十一五实施阶段为例。2008 年突然爆发了影响全球范围的金融危机，科技规划实施机制本应做出适当的反应和调整以应对外部环境的变化，然而由于目前科技规划实施在管理上没有设置突发事件管理节点，只能按正常方式——按照五年规划的管理规范执行，即首先等待 2009 年开始进行阶段实施评估，然后等到十二五科技规划制定时进行调整，而真正的调整实施则要等到十二五规划发布之后，时间基本都在 2011 年下半年了，此时刚好是“时隔三秋”“谓为晚矣”。不过，虽然规划实施当中没有设置突发应对机制，幸好由国家有关部门针对金融危机及时采取了一些应对措施，一定程度上避免了由于规划实施正常管理缺位而可能导致的重大问题。然而不可否认，这种应急做法或管理措施均属于非常规的临时性举措，并不是规划实施管理应有的规范性应对做法。这暴露出目前国家科技规划实施在宏观上缺乏有预见的规范性的动态调整管理程序和手段缺陷的问题。

第三，目前采用的任务分解方式易于导致执行与规划目标脱节。目前规划任务基本都是通过分解和部署到科技管理体系现有的各种计划当中来执行，与常规的科技管理过程融为一体。其优点是任务管理常规化，有助于规划落地。然而也存在极大缺点：由于每个计划有其自身的管理目标和运行方式，倘若规划实施监控不到位，各计划极可能只关注自身目标，而搁置规划目标，导致实际执行与规划脱节。

第四，缺失实施中的即时监测和及时的动态调整。目前实施做法基本完全是依靠中期评估及评估结果对下个五年规划制定过程的影响来实现的。规划是对未来的预期，而预测是特别困难的事情，对科学技术发展而言尤其突出。受预测难度和不可控因素影响，有的目标会超过原先的预期提前实现（如论文发表数量），有的则很难把握其是否能够实现。而使尽可能多的目标按照预期实现才是规划实施管理的目的，因此，我们需要通过采用管理手段来达到这个目标，如对外部环境和实施情况的即时监测，以及规划的及时调整等。然而，我们发现在目前的实施机制中这些管理工作基本是缺失的。

## 3 推进科技规划实施的顶层管理框架设计

本研究从科技管理角度出发，根据系统论和顶层设计思想设计了以下推进科技规划实施的顶层管理框架（图 1）。

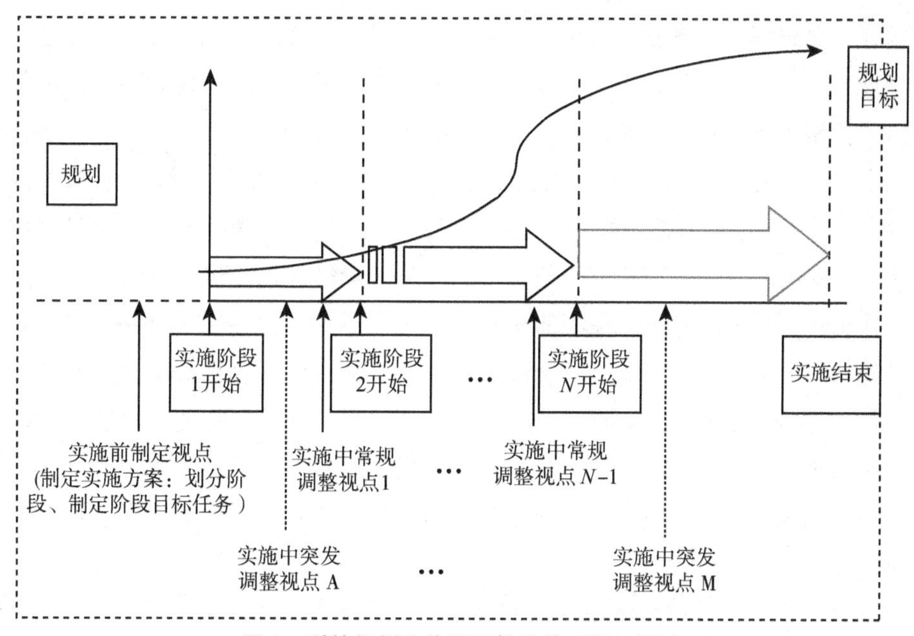


**图 1　科技规划实施顶层推进管理框架设计**

该顶层管理框架体系设计的基本思想是首先从科技管理视角进行实施阶段的科学划分，其次设立“视点”作为推进科技规划实施的管理节点。这样做可从总体上解决规划实施“系统”和“有序”推进的问题。

## 3.1　划分实施阶段

实施阶段划分包含两个问题：一是整个规划实施划分为几个阶段；二是每个阶段需要多长时间。实施时间的阶段划分有如下两种方式。

（1）时间均等划分。如《规划纲要》实施采取的就是时间均等划分，即按国民经济规划的时间每五年划分为 1 个阶段，十五年划分为 3 个均等阶段。

（2）时间非均等划分。如《中科院创新 2020》的实施方案，将十年划分为 3 个非均等时间的实施阶段。①试点启动阶段：2010—2011 年（1 ～ 2 年）；②重点跨越阶段：2012—2015 年（3 ～ 4 年）；③整体跨越阶段：2016—2020 年（5 年）。

## 3.2　管理视点

在此“视点”的基本含义是“审视的节点”，即需要科技管理部门组织专家进行研究、对实施方案进行决策的管理工作节点。总体框架中的视点设置分为两个层次。

第一个层次是针对总体实施方案来说的“实施前视点”和“实施中视点”。

实施前视点管理过程的任务是由科技管理部门通过组织专家，采用科学的方法整体和阶段性实施的总体方案设计，包括科学地划分实施阶段、制定各阶段目标、任务、持续的时间、选择阶段实施路径、针对各阶段特点制定及预设配套政策、进行资源配置等，以获得规划实施的总路线图。规划实施的“常态推进”就是要按照实施前视点管理过程所确定的实施方案有条不紊地进行，直到规划实施过程中进行的“实施中视点”管理过程对总体方案做出了调整决策，规划实施则按照调整后的新方案进行。

实施中视点管理过程的任务则是科技管理部门根据实际实施情况及内外部环境或形势变化组织专家，采用科学的方法进行判断及对实施方案进行调整。由于规划实施期间内外部环境随时随刻在变化，因此，为保证实施方案符合内外部环境情况条件，必须要在合适的时间节点对根据实施实际执行情况及内外部环境或形势变化对实施方案进行审视判断，如有必要必须对实施方案进行调整。实施前视点管理过程只会进行一次，而为保证规划目标的预期实现，实施中视点管理过程则需要多次进行，并需要科学地选择开展这个管理过程的时间点。

视点设置的第二个层次是针对“实施中视点”设置的具体化。为保证规划实施过程中顶层管理不会出现缺位，应将实施中视点设置成两种类型：一是常规调整视点；二是突发事件调整视点。

①常规调整视点：即按照阶段设定的常规的审视节点时间，应用于没有大的内外部环境变化的情况。由于规划的实施阶段及持续的时间是确定的，因此，常规调整视点的时间也非常容易确定，该视点时间宜确定在一个实施阶段的末期，整个视点管理过程应当在下阶段开始前完成。常规调整视点管理过程进行的次数为实施阶段数（$N-1$）。

②突发事件调整视点：如遇环境、形势重大改变（如金融危机、气候变化等重大事件的发生），科技管理部门应当及时确定是否进行临时的视点管理过程，以使规划在实施中能够及时应对变化。由于突发事件发生的时间和数量不能预测，因此，突发事件调整视点的时间节点事先是不能确定的，完全取决于环境、形势是否有重大变化，以及科技规划主管部门的决策，即决定是否采取突发事件调整视点管理过程。这需要有一个从科技管理角度出发的强大的实时监测体系来支撑该决策过程。

规划实施中实时监测体系应当包含两类常规管理工作：一是实时监测；二是组织专家根据监测情报判断是否要增加调整视点管理过程。一方面科技管理部门应当组织专门的人员和力量进行常态的情报监测，监测主要包括两个方面：外部形势及环境变化；规划实施的执行情况。这样做的目的是随时捕捉外部形势和环境变化，掌握规划实施的情况，以供分析研究使用。另一方面科技管理部门要组织专家对实时监测信息进行判断，决策确定是否要增加突发事件调整视点。

# 4　推进科技规划实施的视点管理过程设计

## 4.1　实施前视点管理过程

规划的整体实施方案是在实施前视点管理过程中得到确定的。在这个视点管理过程中，科技管理部门组织相关专家，根据规划目标的要求，通过采用科学的方法策略进行充分的研究和讨论，最终完成确定规划实施总体方案的具体任务，并以实施总路线图的形式来表现实施方案（图 2)。

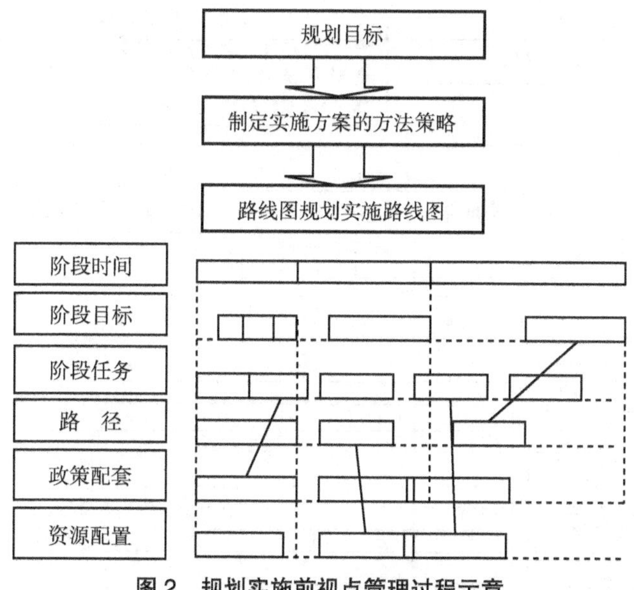


**图 2　规划实施前视点管理过程示意**

只有通过采用科学的方法策略获得的实施方案及实施路线图才具有相对的科学性保障：规划目标得到科学地划分，任务得到科学地分解，科学地选择实施路径，制定相应的配套政策，进行相应的资源配置。方法策略是制定合理的实施方案或实施路线图的关键。通过采用科学的方法策略获得的实施方案将尽可能避免实施当中可能的失误或纰漏。

指导科技规划实施的一种比较好的方案形式是实施路线图。科技规划实施路线图是科技路线图的一种。科技路线图实际是一个基于时间的规划图，描述从现在到未来某个时间点过程中的各个目标或各种需要解决的问题。科技路线图中有节点和链接：节点表示某个确定时间需要完成的目标；链接在横向上表示时间先后，纵向上表示要素之间支持或推动关系，还包括任务和技术优先次序和重要程度的标示。在各国制定的科技路线图中，短期的是 5 ~ 15 年，较长的则是 20 ~ 30 年。

科技规划实施路线图表现的是随时间的推进为实现规划各个目标需要解决的问题，包括具体阶段划分、各阶段目标与任务、各阶段实施路径选择、各阶段配套政策、各阶段资源配置等与实施密切相关的方面。通过路线图，可为科技规划提供整合不同利益共同体的观点，将达成共识的结果落实到发展战略中，提高科技规划的针对性和准确性，有利于决策者更好地把握科技的未来走势和可选的应对策略，提升科技规划管理过程中的执行和实施能力。

## 4.2 实施中视点管理过程

对于科技管理部门来说，通过管理措施进行动态监控和调整，保障规划远景目标逐步实现，是规划实施中管理的核心任务。规划实施中调整视点管理过程示意如图 3 所示。

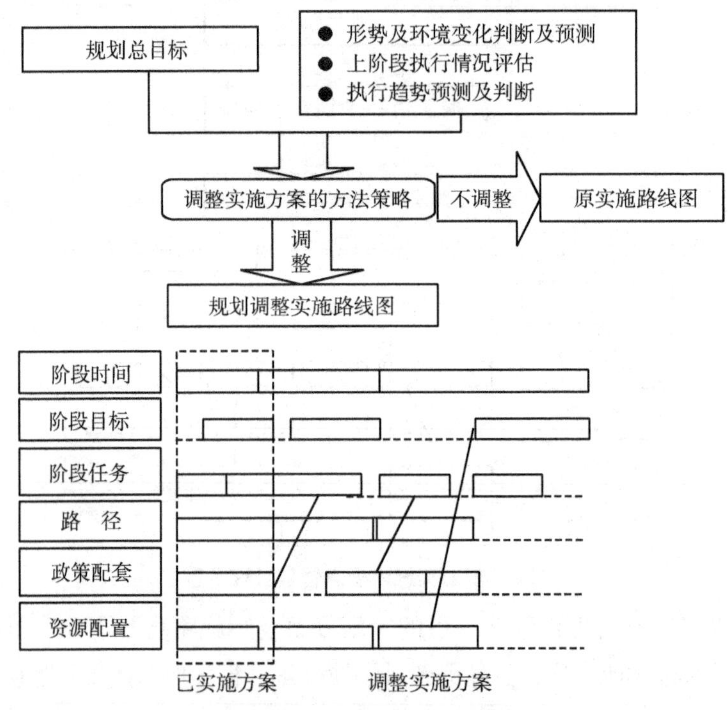


**图 3　规划实施中调整视点管理过程示意**

无论是常规调整视点还是突发事件调整视点，实施中视点这个管理过程要完成的任务是科技管理部门组织专家采用科学的方法，根据实施实际执行情况、形势和环境变化及趋势并结合规划总目标进行判断，以决策是否对实施方案进行总体调整，如需调整则根据环境和形势的最新情况对实施的下一阶段目标和任务进行细化，完成调整实施方案。换句话说，实施中视点管理要完成两项任务：一是判断是否要调整原定的实施方案，二是确定如何调整。

实施中视点管理过程同样需要通过一套科学并有针对性的方法策略以完成以上两项任务。首先，采用科学的方法策略对以下三点进行分析：形势及环境变化及预测判断、上阶段执行情况评估、执行趋势预测及判断，然后结合规划总目标做出原来的总体实施方案是否需要调整的理智决策。其次，如果确定调整总体实施方案，则需要借助有针对性的方法策略对以下内容进行判断及决策：是否需要调整目前的阶段划分及各阶段实施时间，如何调整；原实施方案中制定的阶段目标、任务是否需要调整，如何调整；是否需要调整实施路径，如何调整；各阶段配套政策是否需要调整，如何调整；各阶段资源配置是否需要调整，如何调整。通过以上实施中调整视点管理过程，将最终获得调整实施路线图方案。调整实施路线图可以与原方案清晰地进行关键点的对照，以更好地指导实施。如果总体实施方案不需要调整，则直接按照原定方案对下一阶段实施进行方案具体细化，指导实施。

# 5　结论和建议

我国实施创新驱动发展战略，离不开国家科技规划这个基本的科技管理方式。鉴于科技管理对于科技规划实施的重要作用及我国规划实施研究相对缺乏的现状，国家非常有必要组织力量大力开展从科技管理角度出发以探索规划实施规律为目的的系统研究，以指导科技规划实施的管理实践活动。对科学的方法策略的研究应当成为规划实施理论方法研究的核心。

推进科技规划实施，必须通过顶层设计围绕整体理念理清系统中的结构关系、功能关系，实现局部与整体的协调运行，进行系统和长远的设计，包括规划实施的整体思路、基本方向、实现路径、阶段目标，以及关键领域、重点、实施步骤、时序安排和配套关系等。顶层设计可以解决科技管理过程当中程序上存在的问题。程序化是保障科技规划的科学性、有效性、民主性、参与性、透明性和可检查性的重要手段，也是确保科技规划成功实现的保障。建议从科技管理角度将国家科技规划实施的程序（方式、步骤、期限、顺序等）规范化，明文规定不得“省略”任何必经程序。在设计规划实施必经程序时建议参考本研究项目为科技规划实施所研究设计的顶层管理框架体系。

## 参考文献

[1] 胡维佳．中国历次科技规划研究综述．自然科学史研究，2003，22（增刊）:61−69.

[2] 张利华，徐晓新．科技发展规划的理论与方法初探．自然辩证法研究，2005，21（8）:69−73.

[3] 孙中峰，万劲波，浦根祥．科技规划对学习型政府构建的影响和意义．科学学研究，2005（12）:59−62.

[4] 罗豪才．重大行政决策程序应入法．中国社会科学报，2011−03−03（第2版）.

[5] 范柏乃，蓝志勇．国家中长期科技发展规划解析与思考．浙江大学学报，2007，37（2）:25−34.

# 路线图模块化——技术、产品、应用、市场和社会的集成预测：锂电池 LIB 案例分析

Andreas Sauer[1,2], Axel Thielmann[1], Ralf Isenmann[3,4]

(1. Competence Center Emerging Technologies, Fraunhofer Institute for Systems and Innovation Research ISI, BreslauerStraße 48, DE-76139 Karlsruhe, Germany;

2. Chair for International Management and Innovation (Alexander Gerybadze), Institute of Marketing & Management (570), University of Hohenheim, Schloss Osthof-Nord, DE-70593 Stuttgart, Germany;

3. Sustainable Future Management, Munich University of Applied Sciences, Am Stadtpark 20, DE-81243 Munich, Germany;

4. Institute for Project Management and Innovation Transfer (IPMI), University of Bremen, Wilhelm-Herbst-Straße 12, DE-28359 Bremen, Germany)

**摘要** 本文描述了如何在路线图框架中实现模块化，使单独的路线图可以用作相互关联的模块，横向和纵向地装配在整体综合路线图中，描述技术、产品、应用、市场和社会领域的相应发展和广阔图景。大型路线图项目的例子阐释了模块化路线图的概念。该项目受德国联邦教育与研究部（BMBF）资助，由弗劳恩霍夫系统与创新研究所和卡尔斯鲁厄创新研究所推进实施，配合创新联盟推进“锂电池 LIB 2015”。该路线图涵盖 3 个重点领域：（i）能量存储与锂电池技术解决各种相应的电池应用问题；（ii）电动汽车电力储存；（iii）固定储能。每个领域都通过某种技术路线图、产品路线图及集成路线图来表示和指定。技术路线图涵盖技术发展历程，产品路线图评估相应市场趋势和产品需求，集成路线图

作者简介：Andreas Sauer，德国弗劳恩霍夫系统与创新研究所（ISI）新兴技术能力中心研究员，德国霍恩海姆大学市场营销与管理学院国际管理与创新主席，邮箱：andreas.sauer@isi.fraunhofer.de；Axel Thielmann，弗劳恩霍夫系统与创新研究所（ISI）新兴技术能力中心副主任、研究员，邮箱：axel.thielmann@isi.fraunhofer.de；Ralf Isenmann，德国慕尼黑应用技术大学可持续未来管理中心教授，德国布莱梅大学项目管理和创新转移研究所（IPMI）教授，邮箱：ralf.isenmann@hm.edu。

翻译：韩秋明。感谢作者的翻译授权。

以更广泛的综合视角将技术推动和市场拉动联系起来。为了进一步了解上述新一代电池路线图计划，模块化的集成路线图有助于系统地将有关技术、产品、应用、市场和社会的专门知识与总体（国家）挑战（如德国能源转型）方面联系起来。每个路线图自成一个独立模块，显示未来发展的不同路径，以及前文所述的 3 个高度依赖和高度复杂领域中的关键依赖关系。然而，只有通过将所有观点纳入技术、产品、应用、市场和社会，分析和记录创新系统整体变化的目标才能实现。

从学术上看，路线图中的模块化设计方法有助于提高概念清晰度，特别是在为技术驱动的革新系统提供路线图时，核心技术在焦点和其他多种竞争或互补技术周围。从实践者的角度，该计划还提供了关于如何将基础和应用科学、工业研发和社会政治趋势的发展与当前新兴技术和应用联系起来的指导。该项目利益相关者的经验和见解，可能会引起现有和新兴行业的改变，因而对所有利益相关者（无论是科学，行业或政策）都极具意义。

**关键词** 电动汽车；能量存储；革新系统；锂电池；模块化；路线图

# 1 模块化技术路线图介绍

20 世纪 80 年代初，技术路线图首次引起了学术界、商界和政府的广泛关注，此后便迅速演变为极具价值的技术方法，用于识别新的机会、解决技术管理中的风险和不确定性（Moehrle et al，2013）及制定创新政策（Ahlquist et al，2012）。文献中提出了具有独特潜在效益的多种概念和不同行业的多种应用，不同的是，技术路线图是作为一门独立技术加以运用的（Bucher，2003；Schaller，2004）。

在一定程度上，路线图已经成为技术管理和创新政策事务的基本组成部分，但如今，路线图的组合发挥着更为重要的作用。特别是，未来技术的全球化价值链日益复杂，日渐呈现出跨部门的性质，引领全新的工业产品和应用发展。因此，人们需要开发和建立不同应用重点和不同行业的路线图之间的系统联系。这种方法要求在路线图项目中实现更优的模块化。基于模块化路线图的预测结果，有利于更好地决策。路线图的范围日益广泛（如各种行业路线图），但作为工作工具还能持续发挥多大的作用？Schaller（2004）和 Bucher（2003）调查从业者的经验是，路线图大多没有足够的模块化结构进行相互链接、修改细节和改变粒度的水平，以及整合动态变化的工具。链接关系通常不起作用，在路线图中的任一节点处插入的变动，不会自动影响到其他网络节点链接中的功能关系。模块化的这一缺失是许多现有路线图缺陷的关键所在，也是使技术管理和创新政策路线图能够被更广泛地接受和利用的主要障碍。

因此，我们的目标是利用模块化方式设计单个路线图的架构，使每个路线图可以用作互连模块，最终可横可纵地装配在更宏大的总体路线图系统中。该系统涵盖技术、产品、需求、应用、市场、发展及特定的社会政治背景。否则，路线图在公司和政策层面被用作决策的价值可能将没有想象中的那么大。因此，本研究问题的兴趣点是：

• 如何挖掘技术路线图支持政策创新的潜力？例如，用于开发电动交通、项目规划、资源分配和能力建设等新兴市场。

• 特别是在新兴市场，如何将技术路线图中可视化的未来前景与模糊的产品需求联系起来，然后转化为定义明确的活动和具有可衡量绩效指标的具体措施，同时确定满足特定目标的关键系统要求和重大事件。

• 哪些工具可以提供帮助，通过竞争和补充技术将路线图分解成某些技术开发的路径？哪些概念可以弥补创新计划的光明前景和现实状态下之间的差距？

尽管关于技术路线图发表的文章众多，研究文献也在不断增长（Simonse et al，2015；Carayannis et al，2015；Vishnevskiy et al，2015；Cuhls et al，2015；Carvalho et al，2013；Moehrle et al，2013；Kerr et al，2012；Leeet al，2011、2012；Ahlquist et al，2012；Caetano et al，2011；Choomon et al，2009；Phaal et al，2004a、2004b、2009；Eppler et al，2009；Kajikawa et al，2008；Moehrle et al，2008；De Laat et al，2003）。但过去几年的研究几乎没有涉及如何弥合差距，这些差距小则是单一视角与某些路线图孤立战略价值的差距，大则是技术和创新政策管理水平之间的差距。本文路线图中的“模块化”和路线图架构中的设计原则正是如此。只有很少的方法被确定下来，用于处理模块化、链接、系统组合交叉路线图等问题（表 1）。

如果模块的选择是通过路线图的“协调”（Willyard et al，1987；Barker et al，1995；Kappel，1998；Bucher，2003）、“架构”（Phaal et al，2008；Phaal et al，2009），和“评估”来实现（Fisher，2004；Kostoff et al，2001；Bucher，2003），那么，从学术或实践的角度来讲，就需要更好地展示企业和其他机构可能面临的挑战。

为应对上述挑战，路线图框架需要将模块化作为主要设计原则。根据 Schilling（2000）的研究，模块化是一个通用的系统概念，它描述了“系统的组件可以被分离和重组的程度，它指的是组件之间耦合的紧密度，以及系统架构的“规则”允许（或禁止）组件混合和匹配的程度。”借鉴一般模块化系统理论的观点，我们将路线图中的模块化理解为：在一组独立的路线图中，每个可用作互连的元素（模块），横纵都可以完美地装配在综合路线图中，如同一个一体化的解决方案。这一努力将让技术路线图不再仅是一门独立技术，而使之能够跨越单一技术、产品要求、市场开发和社会政治背景等因素来桥接某些应用，最终提供更有力、更广泛的系统图景。

Phaal 和 Muller（2009）指出，如果组织不只制定一个路线图，则特别需要相互联系，路线图架构需要加以反映。该架构可以使路线图连接和组合起来以形成更高级别的视图（如业务单位路线图的级别高于子公司路线图）和用于“向下”创建更详细的视图（如业务单位路线图下面的产品路线图）。子层在层次化分级中体现结构，并且可以组合（“折叠”）扩展，从而反映路线图的特定焦点，使路线图“聚焦”和“放大”系统中最重要的问题和部分。

模块化路线图的特点在于，展示和指定每一领域都是通过（i）涵盖技术发展的专门技术路线图，（ii）评估相应市场趋势和产品需求的产品路线图，以及（iii）连接技术推动和市场拉动的综合路线图。综合路线图的模块化有助于将技术、应用和社会演变的专门知识与总体（跨国）挑战（如德国能源转型）相联系。每个路线图自成一个独立的模块，反映上述 3 个领域中的动态、未来发展的不同路径和关键依赖性。然而，只有通过整合所有有关技术、应用和社会需求演变的观点，才能实现分析和记录创新系统整体变化的目标。从学术角度来看，路线图中的模块化设计方法有助于提高概念清晰度，尤其是在为技术驱动型创新系统提供路线图时，将某一技术作为核心，同时辅助其他多种竞争性或互补性技术。从实践者的角度来看，路线图的模块化设计方法提供了关于如何将基础和应用科学、工业研发和社会政治趋势、当前和新兴技术与应用进展等联系起来的实践指导。

宏观的（甚至是国家的）路线图项目中，一个特别的例子是依赖不刻意指出的模块化隐含概念：中国科学院启动了持续到 2050 年的中国科技发展前沿领域的战略研究，题为“中国至 2050 年科技发展路线图”（路甬祥，2010)。该项目确定了 18 个类别，包括能源、石油和天然气、生态环境、生物质资源、先进制造、先进材料、跨学科和前沿研究等一些相互关联和重叠的主题。另外，来自 80 多个中国科学院研究所的 300 多名科学、技术、管理和公共行政领域的专家参与该项前瞻性研究，其中包括约 60 名中科院院士。总报告由一个一般性战略报告和 17 个子报告组成。子报告涉及 17 个需要以模块化方式构建的特定领域，从而在科技创新支持的 8 个社会经济体系之间产生协同效应，建造和涵盖可持续能源和资源系统、新材料和绿色制造系统[①]。

另外，RUSNANO 给出了技术路线图中一个更简明的例子——“将纳米技术应用于水处理”的技术路线图，总结了专家对关键纳米技术应用和纳米中间体的观点，纳米中间体用于或有可能用于水处理和水净化。这一路线图不仅涉及技术问题，还涉及其他问题：①纳米工艺和技术；②用于前景广阔的水处理和净化工艺的产品；③市场细分；④替代性、支持性的传统工艺和技术[②]。基于这几个模块，路线图探讨纳米技术在提高不同细分市场水处理和水净化效率中的性能，例如，集中式和分散式净化公共用水、工业用水处理的相关领域、市政和工业用水净化及如何发展纳米技术以适应市场商业化的可行方案等。

---

①《中国至 2050 年科技发展路线图》的其他信息由中科院提供：http://english.cas.cn/resources/archive/china_archive/cn2009/200909/t20090923_43412.shtm.

②技术路线图《纳米技术在水处理中的应用》的其他信息由 RUSNANO 提供：http://en.rusnano.com/investment/roadmaps/Clearwater.

**表 1　技术路线图重要文献概述及其对模块化的贡献**

| 作者 | 对技术路线图模块化的贡献及应用 | 图示 |
|---|---|---|
| Willyard et al (1987) | 摩托罗拉阐述了匹配技术路线图模块化的双重规划过程（“技术路线图矩阵”）：<br>* 一方面，审查市场动态（“产品路线图”）、产品方向和产品要求。<br>* 另一方面，技术和技术时机（“技术路线图”）的发展。旨在提高企业在上市时机、盈利时机方面的表现，最终赢得更好的竞争地位 | 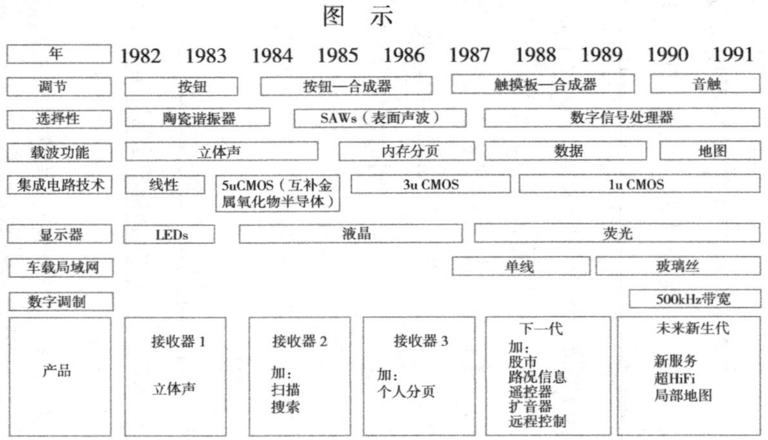 图　示<br>年 1982 1983 1984 1985 1986 1987 1988 1989 1990 1991<br>调节：按钮；按钮—合成器；触摸板—合成器；音触<br>选择性：陶瓷谐振器；SAWs（表面声波）；数字信号处理器<br>载波功能：立体声；内存分页；数据；地图<br>集成电路技术：线性；5uCMOS（互补金属氧化物半导体）；3u CMOS；1u CMOS<br>显示器：LEDs；液晶；荧光<br>车载局域网：单线；玻璃丝<br>数字调制：500kHz带宽<br>产品：接收器 1 立体声；接收器 2 加：扫描 搜索；接收器 3 加：个人分页；下一代 加：股市 路况信息 遥控器 扩音器 远程控制；未来新生代 新服务 超HiFi 局部地图 |
| Groenveld (1997) | 描述了飞利浦电子的规划过程（“产品技术路线图”），将业务和技术战略更好地综合和同步，从而改进前后端产品的生产过程：<br>* 该过程的特点是技术、产品、市场、应用程序的同步，并充分关注需求和机会，适当注意需求和机会是如何随着时间的推移发生改变的。<br>* 构建产品技术路线图时需要同时考虑市场拉动、技术推动及它们之间的交互 | 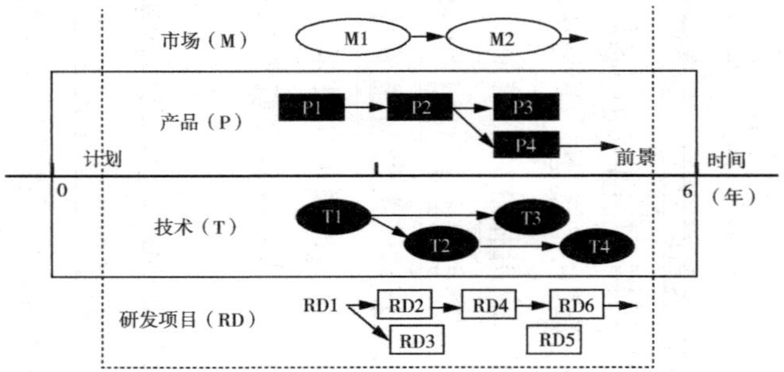 市场（M）：M1 → M2<br>产品（P）：P1 → P2 → P3、P4 → 前景<br>计划　0　6　时间（年）<br>技术（T）：T1 → T2、T3 → T4<br>研发项目（RD）：RD1 → RD2、RD3 → RD4 → RD6；RD5 |
| Garcia et al (1997) | 描述技术路线图作为需求驱动的技术规划过程，帮助识别、选择和开发技术替代品，从而来满足一系列产品需求 | |

续表

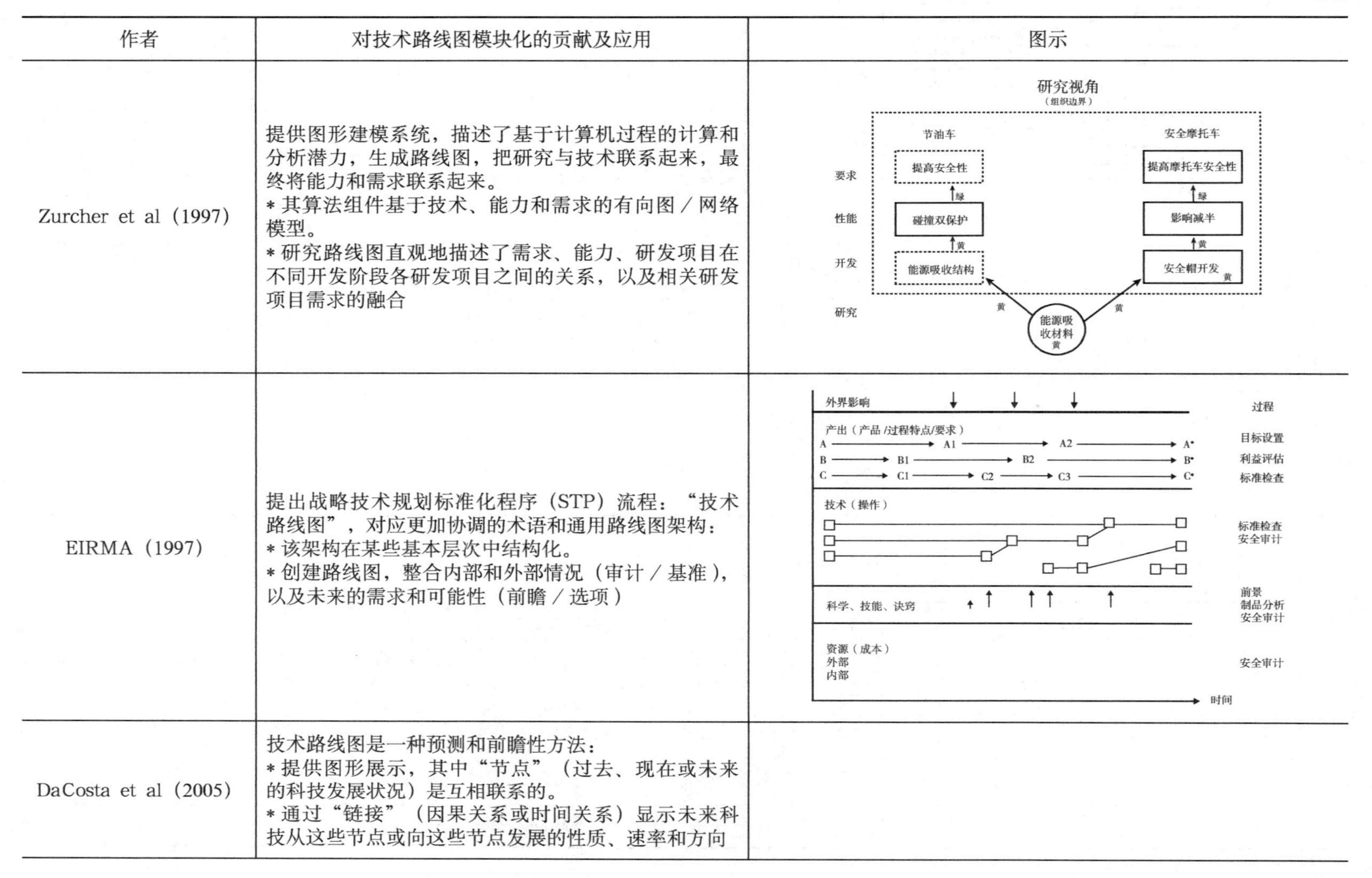


| 作者 | 对技术路线图模块化的贡献及应用 | 图示 |
| --- | --- | --- |
| Zurcher et al（1997） | 提供图形建模系统，描述了基于计算机过程的计算和分析潜力，生成路线图，把研究与技术联系起来，最终将能力和需求联系起来。<br>* 其算法组件基于技术、能力和需求的有向图 / 网络模型。<br>* 研究路线图直观地描述了需求、能力、研发项目在不同开发阶段各研发项目之间的关系，以及相关研发项目需求的融合 | |
| EIRMA（1997） | 提出战略技术规划标准化程序（STP）流程：“技术路线图”，对应更加协调的术语和通用路线图架构：<br>* 该架构在某些基本层次中结构化。<br>* 创建路线图，整合内部和外部情况（审计 / 基准），以及未来的需求和可能性（前瞻 / 选项） | |
| DaCosta et al（2005） | 技术路线图是一种预测和前瞻性方法：<br>* 提供图形展示，其中“节点”（过去、现在或未来的科技发展状况）是互相联系的。<br>* 通过“链接”（因果关系或时间关系）显示未来科技从这些节点或向这些节点发展的性质、速率和方向 | |

续表

| 作者 | 对技术路线图模块化的贡献及应用 | 图示 |
| --- | --- | --- |
| Phaal et al（2008） | 描述下一代技术路线图的方法及其设计原则，强调需将技术路线图定位为战略和创新的核心：<br>＊架构：建议基于层次分类法，采用整体方法，用清晰的结构和关键视角加以表示，最终成为可扩展的框架，然后可以在不同的粒度级别中使用。<br>＊校对：集成。例如，应该考虑链接到其他业务流程和管理工具中去 |  架构示例<br>内容：<br>全球镜公司、中央研发与商业部门的研发优先项<br>架构特点：<br>1.产品、服务、系统用途广泛；<br>2.技术分层与产品、过程、材料、服务有关，强调现有技术与新技术；<br>3.若与其他商业单元合成时，也要突出子层。 |
| Phaal et al（2009） | 开发一个路线图框架。框架包含两个关键维度：<br>＊时间框架：通常分为往期、短期、中期和长期愿景。<br>＊层和子层：表示基于系统的分层分类法，设定不同级别的明细和粒度。<br>通过链接来呈现路线图各要素之间的发展路径和其他相关性。<br>方法：层之间潜在的因果关系基于所谓的“链接分析网格”。这些网格结构可基于与路线图本身相同的分层分类法或一般系统结构 | 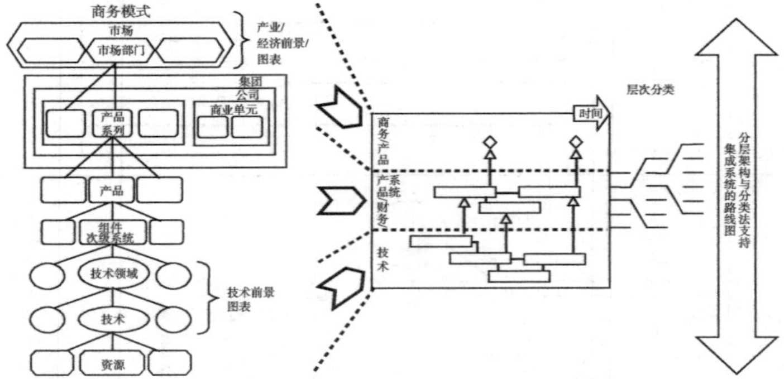 商务模式<br>市场<br>市场部门<br>产业/经济前景/图表<br>集团公司<br>商业单元<br>产品系列<br>产品<br>组件次级系统<br>技术领域<br>技术<br>资源<br>技术前景图表<br>层次分类<br>时间<br>商务产品<br>产品系统财务<br>技术<br>分层架构与分类法支持集成系统的路线图 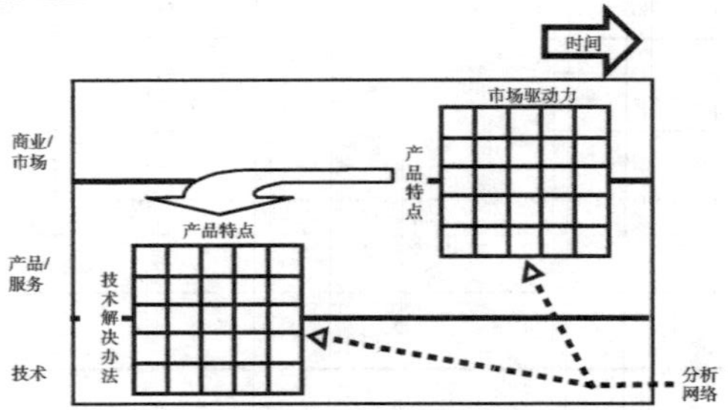<br>时间<br>市场驱动力<br>商业/市场<br>产品特点<br>产品特点<br>产品/服务<br>技术解决办法<br>技术<br>分析网络 |

续表

| 作者 | 对技术路线图模块化的贡献及应用 | 图示 |
|---|---|---|
| Geum et al（2011） | 提出将链接网格用作方法，描述关系，阐明跨职能协作的流程、路线图层、子层和层组成部分之间的联系，并优先考虑关系在路线图中的影响：<br>* 链接网格对时间的依赖性较小。它们是静态级别上分析层之间关系的良好起点。<br>* 在时间轴上重复建立这些链接网格，便可对技术路线图的动态情况进行建模 | |
| Ahlquist et al（2012） | 介绍“创新政策路线图”（IPRM），将研发结果与系统政策背景、前瞻性政策设计方法的框架联系起来。创新政策路线图方法包括：<br>* 技术路线图：一方面，包含可行技术、应用、产品、市场和驱动要素；另一方面，系统政策和政策工具，特别是政策发展路径的前瞻性评价 | |

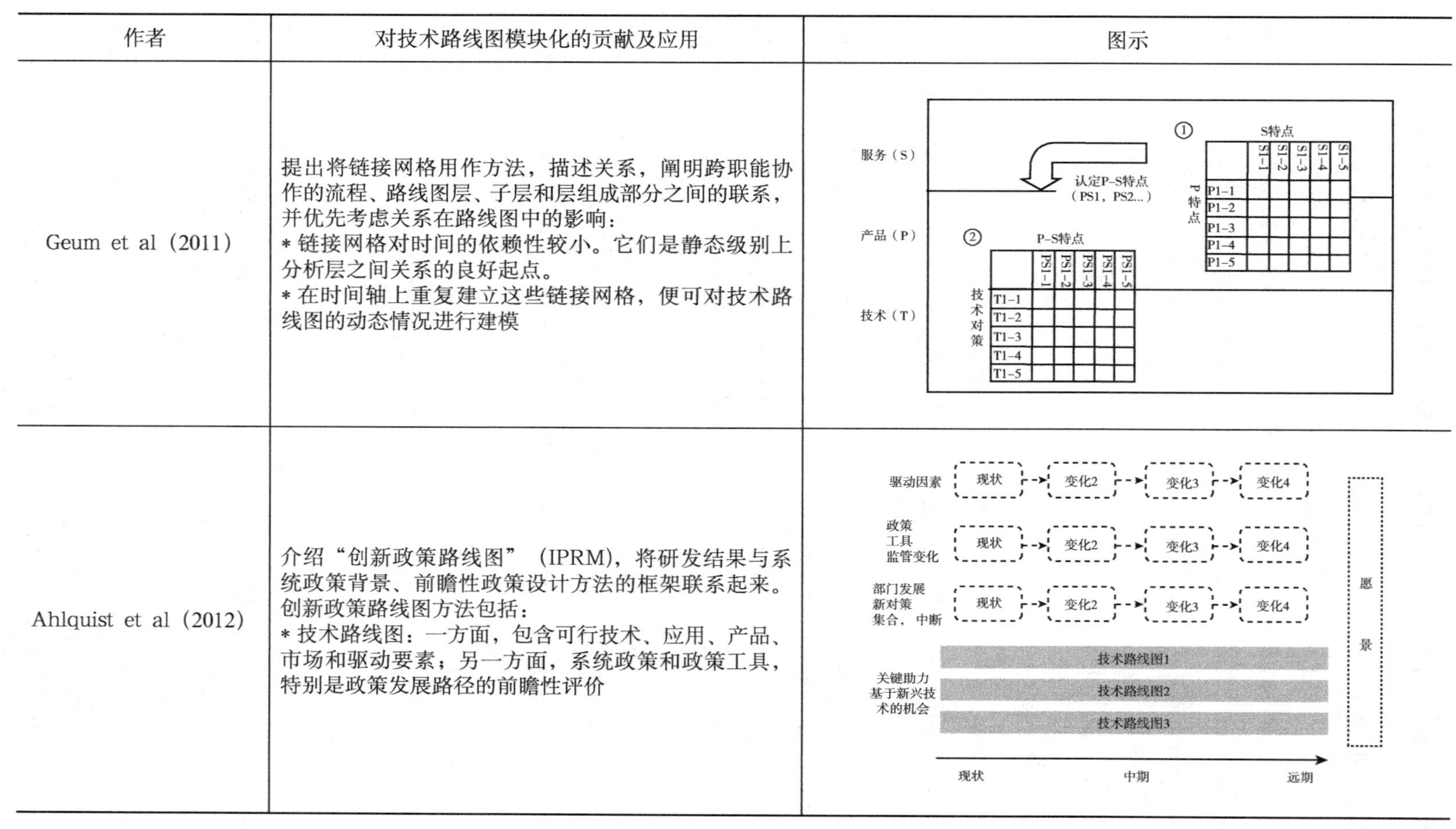

# 2 技术、产品、应用、市场和社会的综合路线图框架

本文提出的框架旨在实践综合路线图，其意义在于将关于新兴技术的所有可预见观点纳入一个整体的、全面的方案之中，从而用于研究和开发。该方案包括 3 个部分：第一部分是过程模型，详细说明如何生成涵盖技术发展的特定技术路线图，以及评估相应市场趋势和产品需求的产品路线图（图 1）；第二部分（笔者称之为“整体框架”）展示了如何利用核心技术和若干竞争及补充技术对技术环境进行分解，以及模块是如何将技术、产品、应用、市场和社会统一在一起的（图 2）；第三部分解释了综合路线图如何把表示技术推动的技术路线图与表示市场拉动的产品路线图结合起来的（图 3)。

## 2.1 框架的第一部分

过程模型通过科学的方法来建立。在过程模型的基础上，结合定性和定量的方法，生成各个路线图（图 1)。同样，用监测方法补充和支持路线图，从欧盟角度对国家发展路线进行对比分析。

该程序遵循图中所示的 4 个步骤：第一步，根据案头研究和分析，先从方法上进行预先准备，制定一个愿景框架草案。该框架表示路线图的架构，其内容将在专家研讨会上确定（通常由 10 ~ 20 名专家来自学术界和与路线图覆盖范围相关的行业）。研讨会的重点在于专家之间进行有效的讨论，达成共识，最终形成书面文件。专家深度访谈有的在路线图开发前展开，有的在遇到开放性问题时进行。第二步，进行路线图的技术设计和可视化操作，最终以特定行为者的方式导出操作选择。第三步，进行分析和一致性检查（如分析出版作品、专利、技术和市场研究，分析和评估商业模型等）；除了通过专家的大量评估进行优选确认，也可通过自己的模型计算加以补充，检查研讨会中对路线图的描述，并进行定量强化。第四步，比较实际情形或当前开发情况（如现实的性能参数、市场发展的监测等）和路线图导出的操作选择。为得出结论和建议，与（国际）监测情况进行联系和对比至关重要，如德国作为国家和特别行动者，是否调整了操作选择。

## 2.2 框架的第二部分

就现有技术背景而言，一项技术通常是分析的焦点所在。这主要是因为经过初步查询，技术应当为产业商业化提供重大助力。通过在某一技术领域中为该技术制定发展和趋势路线图，反映深层次的依赖性和可能的发展路径。下文将该技术称之为“核心技术”，如图 2 第 2 列所示。核心技术可以与某一应用方案相关。在一定意义上，其他应用方案只需进行微小调整便可具有可行性，如技术 2。此外，某一领域的不同技术可以与核心技术互为补充或是相互竞争如图 1 列 3 中的技术 3 和技术 4。

图中的水平轴上是与意向市场相关的所有技术，垂直轴上是所有重要的研发视角 (图 2)。

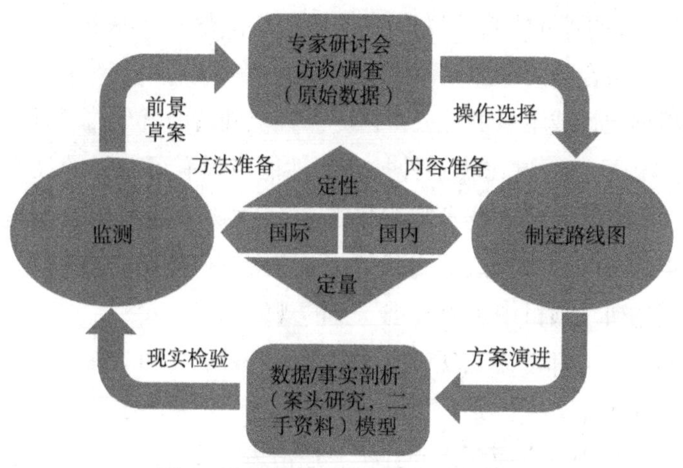


图 1　整体路线图的方法与过程模型

| 整体框架 | 核心技术 | 竞争/补充技术 |
|---|---|---|
| 技术研发视角 | 技术1 | 技术2、3… |
| | 应用与产品 | …… |
| 产品与市场视角 | 产品要求（质/量） | …… |
| | 一般情况 | …… |
| | …… | …… |
| 整体与社会视角 | 技术飞跃 | …… |
| | 伦理/道德 | …… |
| | 公平/社会问题 | …… |
| | …… | …… |
| 技术视角 | 技术（与组件） | …… |
| | 工艺性能（质/量） | …… |
| | 研发挑战 | …… |
| | 技术领域 | …… |
| | …… | …… |

图 2　技术、产品、市场、社会综合路线图的架构

首先，技术视角是深层次路线图的基础。重要的是，要明白技术并不是凭空产生的，技术的出现是因为其所属技术领域、互补和竞争技术之间的某种历史发展轨迹提供了一定的环境（图 2 列 3）（Geschka et al，2013）。

因此，只有通过反映领域背景，并与其他技术领域中的现有技术进行比较，才能了解技术的真实潜力。技术本身通常包括几个关键组件，然后形成系统，之后可能发展为技术产品，最终成为技术应用。每个组件可以拥有独自的发展趋势和路径，且可处于完全不同的发展阶段。上述组件的不同组合可以形成不同的技术规格（如关键性能参数）。总体来说，这可能将定义不同的组合等同于定义不同的技术。

技术性能则根据定性或定量的性质来区分。性能随着时间的推移而变化，随着研究和开发的推进而取得进展。通过比较某种技术的性能与现有可获得的技术（可用作参考系统），和／或每一客户的期望（技术需要和需求），某些研发挑战会变得清晰明朗。这些挑战可以根据严重性，和／或通过努力找到相关良好解决方案的概率而以不同的优先级排序。最后，在公司的研发项目中可引入进一步的规划观点。

其次，产品和市场大都建立在现有技术之上，一种技术可在多种产品和应用场景中得到良好运用。这些通常可以基于所采用的技术概念进行分类，对可能应用现有技术的产品、有望实现商业化的市场进行全面深入的分析。通常最主要是通过公司销售产品和获取消费者反馈，将某些产品要求与技术应用情况联系起来。根据定量和定性的方法来区分产品需求，产品需求会随着时间推移和客户期望的变化而有所不同。当产品和应用在某一市场和某种限制条件下实现商业化时，其相关条件也会改变。这可能会涉及立法和法规、规范和标准、基础设施和／或客户接受等问题。为推进公司的研发项目，可以引入进一步的规划观点，如开发可行的商业模式或许是成功销售产品、实现技术应用最关键的一步。

最后，就新产品和应用中的新兴技术而言，阐述潜在大规模商业化的社会观点。通过技术、产品、应用和市场的视角，不仅有助于确定何种技术可以应用于何种产品与应用，同时也可展示随着时间的推移，可能发生的技术飞跃、可能产生的技术性能与可能产生的市场结构调整。就社会价值观而言，若产业界和科学界希望企业遵守社会责任（CSR）和责任制研究创新（RRI）的原则，就必须要分析技术的伦理／道德、正义／社会问题等各个方面。此外，规划视角还应具有可持续性。可持续性包括许多方面，如原材料供应取决于技术中使用／内置的资源情况，从资源开采到运输物流，都应考虑工作环境链包含价值观的可接受性。最后，保护环境是一项持久的挑战，国际上许多国家和联盟已经采取了广泛行动，做出了巨大努力。如今，与传统路线图相比，新的问题特别是与社会相关的问题得到了越来越多的关注。路径图中的模块化可以挑选和集成这些新问题。

## 2.3 框架中的第三部分

第三步也是最后一步，技术路线图展示技术推力，产品路线图将市场推力链接到集成路线图中（图 3）。在此，有两种选择：第一种是自上而下的市场驱动方法，其主要问题是是否能为确定的产品／服务提供技术路线图中确定的技术；第二种是自下而上的技术驱动方法，其主要问题是技术路线图中确定的技术，能否用于发展产品路线图[①]中确定的产品／

①弗劳恩霍夫系统和创新研究所在《风洞技术路线图和该领域的创新分析》中发布了这一程序的另一示例（仅限英语）：http://www.isi.fraunhofer.de/isi-wAssets/docs/v/de/publikationen/wind_tunnel_report_web.pdf（最近访问时间 2016-05-30）.

服务。这一步骤的主要目的是找到缺口和特定点，这也正是技术研究和／或产品开发中缺失的时间一致性。这一步骤可以推断出技术的重要性（多种产品和需求中涉及哪项技术）、开发顺序（是否能在相应产品预期推出时，完成某一技术的开发）、产品／需求的重要性（满足技术路线图中多方面内容的是哪些产品和需求），或产品路线图中空白点（不能满足技术路线图中任一技术的是哪些产品和要求）的重要性。

## 3　框架的应用：围绕能源存储技术发展的创新系统路线图

气候和能源政策是推动能源转型的两大主要因素，同时也会促进不断增长的能源存储需求从中期转为长期（图 4）。根据欧盟（EU）脱碳目标，到 2050 年，温室气体（GHG）排放量应比 1990 年水平减少 80%～95%。预计要通过将减少二氧化碳进行立法，才能扭转过去 20 年碳排放的增长趋势。从 2020 年起，所有新车辆每公里的二氧化碳平均排放量要实现 95 克／公里（2015 年为 130 克／公里）。在此背景下，电动汽车（xEV）越来越重要，“xEV”在国际上表示所有电池驱动的电动车辆 < 电动车辆，缩写为“EV” >，混合动力电动车辆（HEV），插电式混合动力电动车辆（PHEV）和电池电动车辆（BEV）。因为与常规汽车相比（图 4 左侧），电动车特别是 PHEV 和 BEV 能改善碳足迹（碳耗用量），从而有利于实现或满足上述要求。电动车辆寿命期内碳足迹较低（包括电池生产、运行和回收的使用／充电），因此，提高能源结构中“低碳”可再生能源（RES）的比例可是十分必要且重要的。

前文提到可再生能源在发电容量中所占比重较高，特别是产能不稳的能源比重上升（光伏 <PV>、风能），因此，更需要制定灵活机动的措施，如需求侧管理、天然气、分布式能量储能等可能的技术解决方案，如图 4 右侧所示。然而，电化学存储所占可再生能源的比重较高（如 80%～100%），仅限于在输电网层级上使用。因此，从长远来看，对电化学存储的需求预计处于局部应用水平和呈现分散式配电的特点（如家庭已经配有光伏电池系统，这是开端）。

因此，脱碳目标、二氧化碳立法、较高或上涨的可再生能源比重，三者紧密相关。电动车（也包括客车），固定（并网和离网）自给自足分散式可联合存储能源。电池，特别是锂电池，作为一种平台技术，在这种复杂和跨部门的创新系统能量存储转型中起到至关重要的作用。锂电池的成本有可能大幅下降，且锂电池具有广泛的适用性，因此，可能成为未来智能电网、智能移动和智能城市的核心技术。锂电池正是一个很好的例子，展示了巨大的市场相关性，对广泛的全球行动者和利益相关者网络产生了重要影响。

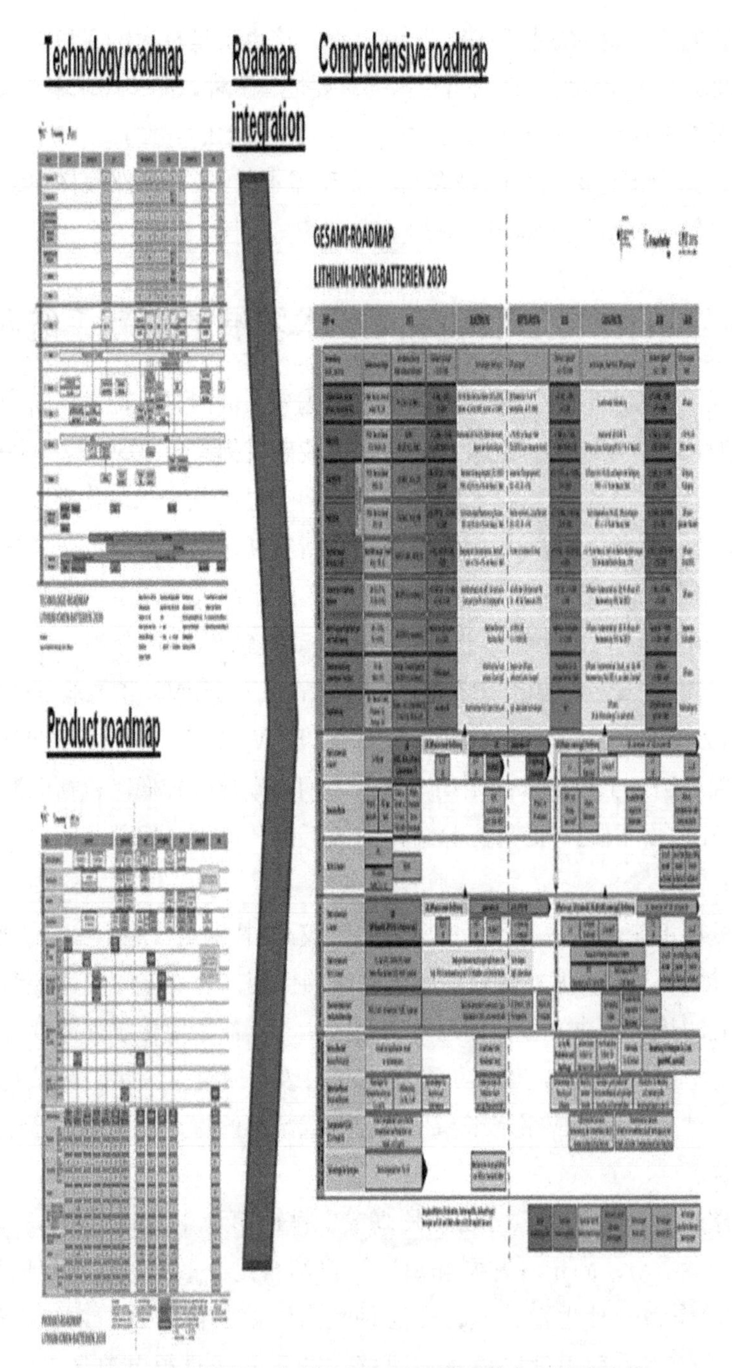


图 3 重大挑战：将科技和产品路线图整合为集成路线

创新联盟“锂电池 LIB 2015”（LIB 2015）成立于 2007 年[①]，由联邦教育与研究部资助建立。该联盟由约 60 个来自德国产业、政府和科学研究领域的项目合作伙伴组成，

①德国联邦教育与研究部提供关于“2015 锂离子电池”（LIB 2015）创新联盟的其他信息（仅限德语）：http://www.bmbf.de/de/11828.php（最近访问时间 2014-04-15）。

旨在确保研究和开发高效锂电池[①]。弗劳恩霍夫系统与创新研究所（ISI）与“锂电池 LIB 2015”合作伙伴一道开展了路线图的制作[②]。在路线图制定框架内，调查了不同的电池设计、技术特性、附加性能特性、市场角度下产品和应用的性能要求、可能的市场渗透情形及社会视角下的一般问题。该项目致力于调查锂电池可持续性，以及其在电动汽车和固定应用领域的应用问题，揭示锂电池开发和商业化的最佳可行路径和重要驱动因素。

前文提到的路线图框架涉及广泛的技术环境，涵盖以下 3 个领域：(i) 一般情况下利用锂电池存储能量的各种应用；(ii) 电动汽车能量存储；(iii) 专门固定能量存储。每个领域都通过涵盖技术发展的技术路线图、评估相应市场趋势和产品需求的产品路线图，以及将技术推动与市场拉动相关联的集成路线图（图 5）来表示和指定。

在一定程度上，对电动车辆能量存储的特定要求，明显不同于对固定应用、消费电子和其他利基应用存储的要求，因而这也成了基本差异。

研究组发布了 3 组共 9 个路线图：技术路线图——从技术驱动的视角反映能量存储系统的技术性能参数；产品路线图——从市场角度看待性能参数的需求；全面集成路线图——结合推动和拉动的视角。正如前文所述，路线图制定过程中采用了一系列的方法，包括定性的方法（如调查问卷、访谈、专家评估、研讨会、文献分析）和定量的方法（如方案框架内带有性能参数的模型计算，诸如能量密度或性能密度）。这些参数会纳入路线图中，并被交叉引用。

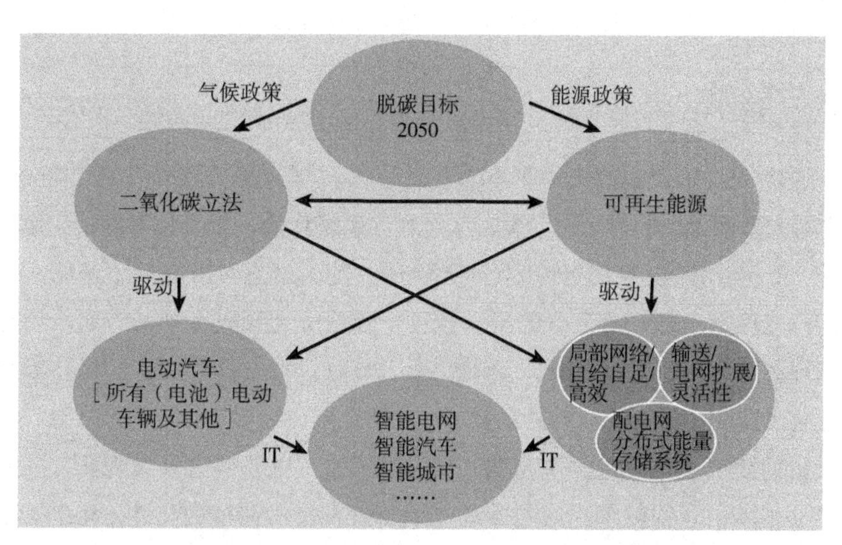


**图 4　未来能量储存需求趋势和驱动 & 电动汽车和固定应用的联系**

① LIB 2015 官网上浏览关于“2015 锂离子电池”创新联盟的其他信息（仅限德语）：http://www.lib2015.de/lib_2015.php（最近访问时间 2014-04-15）。

②可在项目官网上浏览其他信息（以及目前为止所有公布的路线图链接）（德英双语）：http://www.isi.fraunhofer.de/isien/t/projekte/at-lib-2015-roadmapping.php（最近访问时间 2014-04-15）。

| 锂电池（LIB） | | 电动汽车能量存储（ESEM） | | 固定能量存储（SES） | |
|---|---|---|---|---|---|
| 产品路线图 | 政策&市场<br>应用&产品<br>产品要求 | 产品路线图 | 一般条件<br>应用&产品<br>产品要求 | 产品路线图 | 一般条件<br>应用&产品<br>产品要求 |
| 全面路线图 | 应用&产品<br>技术xEV<br>技术能量存储系统<br>与技术相关的一般条件 | 全面路线图 | 应用&产品<br>性能参数vs.要求<br>技术xEV | 全面路线图 | 与应用相关的一般条件<br>应用&产品<br>性能参数vs.要求<br>技术SES |
| 技术路线图 | 性能参数<br>电池类型<br>电池组件<br>技术领域 | 技术路线图 | 性能参数<br>挑战<br>技术xEV | 技术路线图 | 技术SES<br>性能参数<br>参考技术/比较 |

**图 5　路线图系统一览**

注：涵盖创新联盟“锂电池 LIB 2015”的 9 个路线图。

# 4　启示与影响

20 世纪 90 年代，锂电池打入消费类电子产品市场，自此以后历经了 25 年的发展。目前，主要集中于对大型锂电池的进一步开发，从材料到系统作为一个整体并在特定应用中集成。在未来 15 ～ 25 年，锂电池将达到市场成熟阶段。这也就意味着在接下来的一二十年中，特别是在能源密度（电动交通工具的推动程度）和持续大幅成本削减方面，仍有很大的发展空间。路线图体现了在未来几年，电动交通工具只对特定群体和目的保持吸引力。通过逐渐扩大电池改良技术和能源消耗优化技术的使用范围，到 2030 年能开发出成本优化模型，使具有内燃机的传统汽车能快速再充电。支持性措施应既要考虑开发现状，又要考虑诸如锂电池等核心技术的开发前景。这同样适用于分析该技术在车辆设计、充电基础设施、商务模式、客户需求等方面产生的影响。当然，有效的推进措施可能因发展阶段而有所不同。

随着成本最优化的发展及可再生能源的普及，最迟至 2030 年，锂电池在固定应用等新领域会具有更大的市场潜力。随着能源自给自足的欲望愈发强烈，锂离子在地方分布式电网中得到使用并逐渐扩展。此外，随着电动汽车的发展，锂电池的固定应用也可以规划路线图。根据存储能力、蓄电和放电时间，以及应用的不同，锂电池与一系列不同的电化学技术（如铅酸电池、氧化还原液流电池和硫化钠电池）和其他能源储存系统将形成竞争势态。

长远来看，除了锂电池外，其他潜在的颠覆性技术如锂硫电池或全固态电池等可能具有更高的能量密度，使用范围更广且成本更低。约至 2030 年，这些电池可实现大规模生产，并成功取代锂电池，且在未来有很大可能来替代钴等资源，这些资源应用于优化锂电池，成本较高。

在本论文述及的框架下，路线图模块化可用多种方式展示，其融合技术、产品、应用、市场和社会等多方面，全方位记录创新体系的变化。所选例子中包括 2030 锂电池技术路线图，如图 6（1）所示；电动汽车能量储备技术路线图，如图 6（2）所示；2030 锂电池产品路线图，如图 6（3）所示；这些路线图于 2010 年和 2012 年发布（如图 5 深色区域所示），这一示例也涵盖了 2030 电动汽车能量储存产品路线图、2030 固定能量储存技术路线图和 2030 固定能量储存产品路线图。这些路线图于 2015 年发布，如图 5 浅色区域所示。

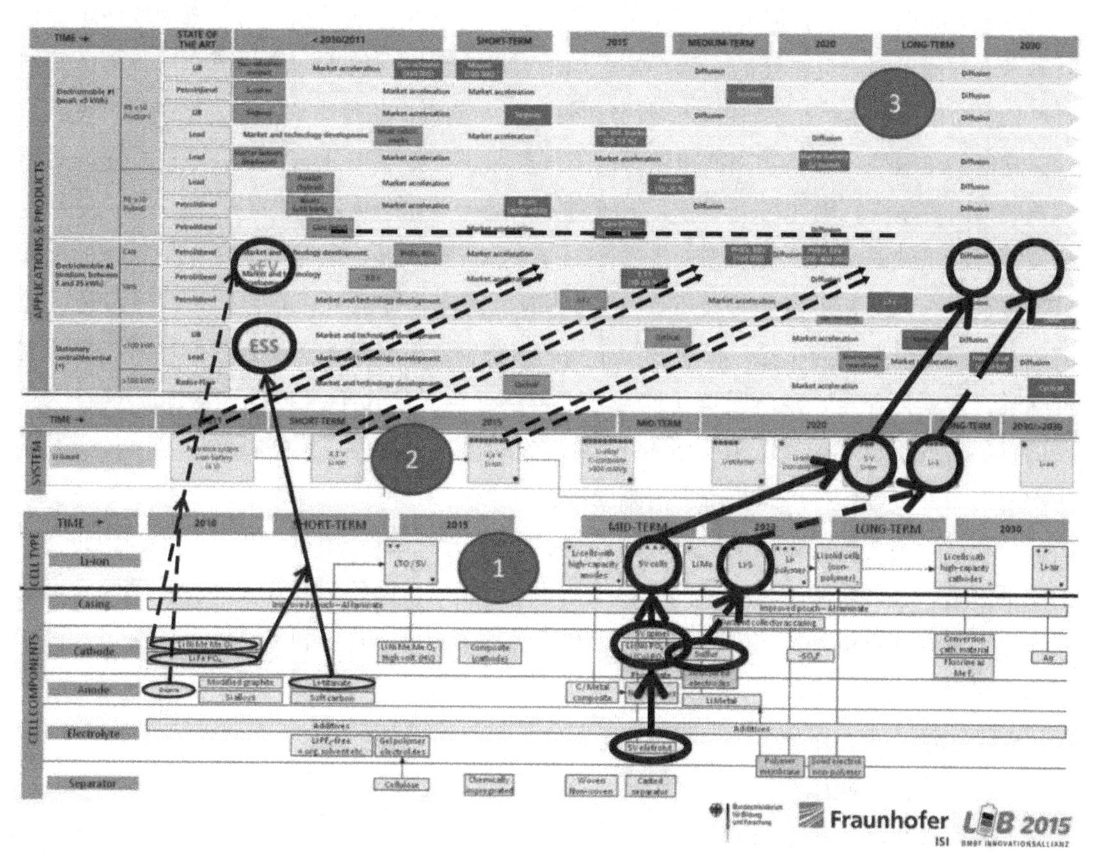


图 6　2030 锂电池技术路线

注：为了强调集成路线图模块化，技术路线图锂电池 2030（1）、技术路线图能量电动汽车储存 2030（2）和产品路线路锂电池 2030（3）的部分整合为一个图标 / 路线图。两种技术在能量储存系统（如图细实线区域所示 ESS）和电动汽车（如图细虚线区域所示 xEV）的应用和产品等方面都已有记录。进步性和潜在突破性的发展趋势在上述提及的路线图中得以视觉化。

根据2030锂电池技术路线图，2010—2011（固定）能量储存系统（如ESS图6细实线区域）和电动汽车（xEV如图6细虚线区域）等尖端应用技术和产品已作记录。对前者而言，磷酸铁锂（$LiFePO_4$，LFP）广泛应用为负极材料，钛酸锂应用为正极材料。而在后者中，锂镍钴铝（NCA）或与（Li Ni Me Me $O_2$，Me缩写为Metal）同一类材料镍钴锰酸锂（NMC）应用于负极，石墨应用于正极。在21世纪20年代中期，富含镍的高能负极材料和基于石墨或硅碳复合物的高能正极材料可得到进一步发展。在未来20年内，人们将努力提高能量密度优化锂电池，实现跨越式发展。同时预计到2030年，锂电池电压将进一步提高，从4 V到更高级的4.3 V和4.4 V，如图6粗实线箭头发展路径，后锂子电池技术也将进一步发展（如锂硫电池或全固态电池）。随着研究开发要求高压应用和安全，合适的电解质已视为关键部分。至于应用何种细胞化学促进实现发展，这一问题尚未定论。如今锂硫电池早已存在，但是生命周期短，仅用于军事上。根据专家观点，到2020年该系统应用生命周期会延长，但直到2030年才能得到广泛应用。这些技术时间发展顺序正如它们的未来发展前景一样，充满不确定性。如果可以获知一项技术的市场成熟度，那么其发展可分解为若干个体单元，则可进一步分析这项技术能否引起技术和市场领域的重大突破。

这些例子说明，电化学高能量储存的发展趋势现在处于单元水平，会在一段时间后继续发展为系统水平，因为组成部分必须融合为单元/板块，而后再融合入模块等。而每一阶段都有能量缺陷，这就要求进一步的研究开发和工程发展。就路线图中电池系统的市场成熟度而言，这一产业预估需要5～10年的时间跨度才能进入市场。这取决于应用，也需要考虑将部分发展为单元、模块及至系统的过程，以及产品和应用的具体技术要求。这意味着，就实际而言，现阶段能量储存技术将会影响未来几年内ESS和Xev尖端技术的发展（如图6黑色双虚线短箭头所示）；就理论而言，通过引用模块概念，这一复杂领域各部分交织发展过程将可以分解为清晰的步骤。

这一结论与德国国家电动汽车平台的表述基本一致。这一机构将电池技术视为研究开发中的灯塔，强烈要求加大对其的资金支持[①]。在技术发展的公开化阶段，德国国家电动汽车平台采取双重策略，同时研究锂离子和后锂离子技术。这一机构认为，未来电动汽车的市场走向将如下所示。

- 纯电动汽车（BEV）；
- 插电式混合动力汽车（PHEV）；
- 多系列电动汽车（REEV）；
- PHEV－多用途运载车。

①有关德国电动汽车的其他信息由德国联邦经济事务和能源部提供（英德双语）：http://www.bmwi.de/EN/Topics/Economy/Industrialpolicy/electric-mobility,did=354360.html（最近访问时间2014-04-15）。目前德国国家电动汽车平台已经发布了三项进展报告，论文涉及的为第二个报告（英德双语）：http://www.bmwi.de/EN/Service/publications,did=493648.html（最近访问时间2014-04-15）。

最新发布的“德国集成单元和电池生产路线图”显示，德国国家电动汽车平台（工作组 2- 电池技术）将 5 代电池技术区分开来：第 1 代和 2a 代电池技术已应用于电动汽车。2b 代技术采用富含镍阴极材料和更高能量密度，现在准备投入使用[①]。第 3 代电池技术取得进展，主要采用碳化硅阳极材料，预计过段时间后将会进入市场。第 4 代采用牵引用蓄电池，可以使驱动车程增加一倍，并将成本减半。如果第 4 代采用锂硫技术或其他转换材料，能促进循环使用，延长生命周期，确保安全，那么比起优化锂电池技术而言，它们作用更大，且可以轻松进入相关市场。然而，锂硫电池体积能量密度受限，且预计现阶段不会大规模应用于电动汽车。现在后锂离子技术在将来（使用转换材料的牵引用蓄电池和第 5 代锂和氧电池）是否且何时会产生重大进展，这一问题尚未确定。从现今的视角来看，未来全固态电池（第 4 代）最有可能取得进展，这也是为何这些系统颇受关注的原因。然而，后锂电池和非锂子电池化学可能会产生突破性进展，这需要在技术研发中得到关注。尽管德国国家电动汽车平台认为，电池技术在未来几年会有突破性发展，这与后续项目 2015 锂电池创新联盟路线图的结果一致，但是仍未明确提及未来高压电池的发展道路。

因此，优化锂电池技术被视为全球电动汽车和固定应用设备进入大众市场的敲门砖。它为以上提及的应用和产品达到一定里程提供了最优电池选择。

若将本文提及的框架与日本的新能源产业技术综合开发机构（NEDO）的路线图相比较，路线图模块化能更为准确、详尽和清晰地描述技术发展路线。NEDO 所采取的这种方式仅仅为了从高水平的战略规划角度出发，以某种高端技术趋势的探索性路线图为基础，记录技术发展和趋势。然而，它仅仅列出了一般产品的发展要求，并未解决不同技术发展路径的性能参数问题。尽管 NEDO 路线图提出了一系列挑战，且论文提出的框架有助于确定具体的科技发展路径，但却没有指出明确的解决方法（必要的重大科技突破）。此类技术在路线图中通常处理为黑匣子，没有间隔粒度。尽管上述框架似乎只适用于保守规划，但它促使人们从研究开发角度对科技做出合理推断。最后且十分重要的一点是，路线图模块在不同层次上将各个技术与关键性能参数结合起来（材料、成分、单元、组、模块、系统、应用和产品）。随着不同产业和市场各技术间互补竞争，每项技术都可能给不同应用和产品带来巨大进步，这一点至关重要。

# 5 结论

尽管过去几十年间技术路线图已应用于学术、商业和管理等领域，但目前为止它经常作为考察单项技术发展的独立应用（Bucher，2003；Schaller，2004）。尤其重要的是，现代社会面临众多国际／国内挑战（如德国能源转型），技术路线规划需要进一步提升，能系统地将

①德国国家电动汽车平台发布的报告提供其他相关信息。报告题目为“Roadmapintegrierte Zell-und Batterieproduktion Deutschland”，仅限德语：http://nationale-plattform-elektromobilitaet.de/fileadmin/user_upload/Redaktion/NPE_AG2_Roadmap_Zellfertigung_final_bf.pdf （最近访问时间 2016-05-31）。

专业和科技、产品、应用、市场和科技联系起来。至今尚未明了的是，如何能成功将这些不同类型的技术路线图整合地连接起来，对技术的整体理解对实现长期成功发展十分必要。新兴市场尤为明显，经常跨越各工业部门、机构组织、商业效用、整体（多方面）组织应用和创新政策等传统界限。因此，该论文旨在探索并描述如何更好地设计和构建模块化技术路线，更好地连接各类路线图，同时也叙述了技术、应用和产品需求或市场演进和社会发展动态。通过此种方式，论文解决了最新技术文献提出的现存挑战及公司和其他机构现在面临的困境。

该论文提出，模块化是系统科学的必要设计原则，能够协调和评估路线图，因为任何基于模块化路线图的预期结果都有助于做出更好的决策。随着路线图涉及领域更为宽广（整体产业路线图），这一点具有重要意义。

路线图模块化的基本观点是，设计和构建路线框架，将一系列独立路线图整合进相互关联的模块，使其不论在横向或竖直方向上都能完美整合为一个综合性整体路线图，描述科技、产品、应用、市场和社会等宽广领域的相对发展。为了展示模块路线图的应用和潜在优势，笔者以路线图和创新联盟“2015 锂离子 LIB 电池”项目为例，阐释了模块化路线图的概念。此项目由德国联邦教育与研究部（BMBF）资助，由卡尔斯鲁厄弗劳恩霍夫系统和创新研究所推进实施。其开发的路线框架展现了技术发展图景，涵盖了 3 个重点领域：（i）一般锂电池能量存储技术，解决多种相对电池应用问题；（ii）电动汽车能量储存；（iii）特别是固定能量储存。

每种应用领域都得以明确展现，运用了（i）描述技术发展的技术路线图，（ii）评估相应市场趋势和产品需求的产品路线图，以及（iii）从整体角度连接技术推动和市场拉动的综合统一集成路线图。这一包含 9 种模块化路线图的系统有助于将各独立技术、产品、应用、市场和社会系统连接起来，应对国际 / 国内的重大挑战，在这一案例中特指德国能源转型。然而，只有将各路线图（模块）整合，才能分析和预测整体创新系统的动态和未来发展。

从学术角度而言，模块设计方式能使技术规划过程中的各种概念更为清晰，这一点在为技术驱动创新系统设计路线图时尤为明显。技术驱动创新系统一般以某种技术为核心，涵盖多种竞争型或互补型技术。从实践者的角度而言，这种方式提供了实际指导，考虑当前新兴技术应用，提出如何将基础研究、应用科学的发展和进步与工业研究开发及社会政治趋势更好地连接起来。在“2015 锂电池”路线图项目中，各相关利益者获得多种经验和启示，这对不论来自国际或国内，科学、工业或政策等领域的各项目参与方都具有很大意义，且引起广泛兴趣，因为它们可能引发现存产业及新兴产业的发展。这些经验启示有助于弥合技术路线图理论和实践的差距，同时促进人们探索以下领域：（i）技术路线图如何从单独技术发展为技术策略管理的整体部分；（ii）如何将其与创新政策，尤其是新兴市场连接起来。一方面，“2015 锂电池”线路图项目表明，自 30 多年前技术路线图深受重视以来，不同领域的参与方均做出了辛勤努力。另一方面，随着技术路线图越发重要，显而易见的是，若想充分发挥运用技术路线图的潜力，仍需要做出更大努力。

## 参考文献

[1] Ahlquist T, Valovirta V, Loikkanen T.Innovation policy roadmapping as a systemic instrument for forward-looking policy design.Science & Public Policy, 2012, 39 (2) : 178-190.

[2] Barker D, Smith D J H.Technology foresight using roadmaps.Long Range Planning, 1995, 28 (2) : 21-28.

[3] Bucher P E.Integrated technology roadmapping: Design and implementaion for technology-based multinational enterprises.Zurich: Thesis Swiss Federal Institute of Technology, 2003.

[4] Caetano M, Amaral D C.Roadmapping for technology push and partnership: a contribution for open innovation environments.Technovation, 2011, 31 (7) : 320-335.

[5] Carayannis E, Grebeniuk A, Meissner D.Smart roadmapping for STI policy. Technological Forecasting & Socal change, 2016: 109-116.

[6] Carvalho M M, Fleury A, Lopes A P.An overview of the literature on technology roadmapping (TRM) : contributions and trends.Technological Forecasting & Social Change, 2013, 80 (7) : 1418-1437.

[7] Choomon K, Leeprechanon N, Laosirihongthong T.A reviewof literature on technology roadmapping: A case study of Power Line Communication (PLC) .International Journal of Foresight & Innovation Policy, 2009, 5 (4) : 300-313.

[8] Cuhls K, Vries M D, Li H, et al.Roadmapping: Comparing cases in China and Germany.Technological Forecasting & Social Change, 2015, 101: 238-250.

[9] DaCosta O, Boden M, Friedewald M.Science and technology roadmapping for policy intelligence: Lessons for Future Projects.Proceedings of the the Second Prague Workshop on Futures Studies Methodology, 2005.

[10] Laat B D, McKibbin S.The effectiveness of technology road mapping: Building a strategic vision.Den Haag: Dutch Ministry of Economic Affairs, 2003.

[11] EIRMA (European Industrial Research Management Association) .Technology roadmapping.Working Group Report No 52.Paris, 1997.

[12] Eppler M J, Platts K W.Visual strategizing: The systematic use of visualization in the strategic-planning process.Long Range Planning, 2009, 42 (1) : 42-74.

[13] Fisher J.How to read a roadmap.Printed Circuit Design & Manufacture, 2004, 21 (3) : 38-43.

[14] Garcia M L, Bray O H.Fundamentals of technology roadmapping.Contractor, 1997, 47 (12B) : B851-B858.

[15] Geschka H, Hahnenwald H.Scenario-based exploratory technology roadmaps-a method for the exploration of technical trends.Berlin: Springer, 2013.

[16] Isenmann R, Phaal R.Technology roadmapping for strategy and innovation-charting the route to success.Heidelberg, New York, Dordrecht, London: Springer, 2013: 123-136.

[17] Geum Y, Lee S, Kang D, et al.Technology roadmapping for technology-based product-service integration: A case study.Journal of Engineering & Technology Management, 2011, 28 (3) : 128-146.

[18] Groenveld P.Roadmapping integrates business and technology.Research Technology Management, 2007, 50 (5) : 49-58.

[19] Kajikawa Y, Usui O, Hakata K, et al.Structure of knowledge in the science and technology roadmaps.Technological Forecasting & Social Change, 2008, 75 (1) : 1-11.

[20] Kappel T A.Technology roadmapping: An evaluation.Evanston: Northwestern University, 1998.

[21] Kerr C, Phaal R, Probert D.Cogitate, articulate, communicate: The psychosocial reality of technology roadmapping and roadmaps.R & D Management, 2012, 42 (1) : 1-13.

[22] Kostoff R N, Schaller R R.Science and technology roadmaps.Engineering Management IEEE Transactions on, 2007, 48 (2) : 132-143.

[23] Lee J H, Phaal R, Lee C.An empirical analysis of the determinants of technology roadmap.R&D Management, 2011, 41 (5) : 485-508.

[24] Lee J H, Kim H, Phaal R.An analysis of factors improving technology roadmap credibility: A communications theory assessment of roadmapping processes.Technological Forecasting & Social Change, 2012, 79 (2) : 263-280.

[25] Moehrle M G, Isenmann R.Special issue from technology roadmapping to operational innovation planning.International Journal of Technology Intelligence & Planning, 2008, 4 (4) .

[26] Moehrle M G, Isenmann R, Phaal R.Technology roadmapping for strategy and innovation: Charting the route to success.Berlin: Springer, 2013.

[27] Phaal R, Muller G.An architectural framework for roadmapping: Towards visual strategy.Technological Forecasting & Social Change, 2009, 76 (1) : 39-49.

[28] Phaal R, Farrukh C J P, Probert D R.Technology roadmapping—a planning framework for evolution and revolution.Technological Forecasting & Social Change, 2004, 71 (1-2) : 5-26.

[29] Phaal R, Farrukh C J P, Probert D R.Customizing roadmapping.Research Technology Management, 2004, 47 (2) : 26–37.

[30] Phaal R, Simonse L, Ouden Den E.Next generation roadmapping for innovation planning.Medicinski Pregled, 2008, 4 (2) : 135–152.

[31] Phaal R, Farrukh C J P, Probert D R.Visualising strategy: A classification of graphical roadmap forms.International Journal of Technology Management, 2009, 47 (4) : 286–305.

[32] Schaller R R.Technological innovation in the semiconductor industry: A case study of the international technology roadmap for semiconductors (ITRS) .Portland International Conference on Management of Engineering & Technology, 2012.

[33] Schilling M A.Toward a general modular systems theory and its application to interfirm product modularity.Academy of Management Review, 2000, 25 (2) : 312–334.

[34] Simonse L W L, Hultink E J, Buijs J A.Innovation roadmapping: Building concepts from practitioners' insights.Journal of Product Innovation Management, 2015, 32 (6) : 904–924.

[35] Vishnevskiy K, Karasev O, Meissner D.Integrated roadmaps for strategic management and planning.Technological Forecasting & Social Change, 2016, 110: 153–166.

[36] Willyard C H, McClees C W.Motorola' s technology roadmap process[J].Research Management, 1987: 13–19.

[37] Yan J, Ma T, Nakamori Y.Exploring the triple helix of academia–industry government for supporting roadmapping in academia.International Journal of Management & Decision Making, 2011, 11 (3/4) : 249–267.

[38] Yongxiang L.Science & Technology in China: A Roadmap to 2050.Heidelberg, Dordrecht, London, New York: Springer, 2010.

[39] Zurcher R, Kostoff R N.Modelling technology roadmaps.Journal of Technology Transfer, 1997, 22 (3) : 73–79.

# 中国地球空间信息及服务产业技术路线图研究

许　晔，左晓利
（中国科学技术发展战略研究院，北京 100038）

**摘要**　本文以中国地球空间信息及服务产业作为研究重点，围绕中国“十二五”期间重点部署领域重大应用系统，选择全国遥感网、全球空间信息服务系统、导航与位置服务网、智慧城市空间信息网格和卫星移动通信系统开展技术路线图研究。通过广泛的专家调查和专利检索分析，对重大应用系统的产业前景、产业链关键环节、产业关键技术及其专利分布状况等进行系统研究，并提出相关对策建议。

**关键词**　遥感；卫星定位；导航；地理信息系统；技术路线图

# Technology Roadmapping of Geo-spatial Information and Application Services Industry in China

Xu Ye, Zuo Xiaoli
(Chinese Academy of Science and Technology for Development, Beijing 100038)

**Abstract**　In this paper, we studied the Geo-spatial Information and Application Services Industry in China, focus on the technology roadmapping of National RS Network, Global Spatial Information Service System, Navigation and Location Services Network, Spatial Information Grid of Smart City, and Mobile Satellite Communication System which are all major applications of China 12th Five-Year Plan. We study the industry outlook of those major applications, the industrial key chain, the industry key technologies, and the patent distribution through the widely expert survey and patent analysis. And then we put forward some proposals.

**Key Word**　RS, satellite positioning, navigation, GIS, Technology Roadmapping

---

基金项目：国家软科学研究计划项目“典型战略性新兴产业技术预测与路线图研究”（2011GXS4K077）。
作者简介：许晔（1966－），女，辽宁大连人，中国科学技术发展战略研究院研究员，主要研究方向为信息通信、技术预测、科技战略。

地球空间信息及服务产业（以下简称“地球空间信息产业”），是指采用空间信息技术对地球空间信息资源进行生产、开发和提供服务的全部活动及涉及这些活动的企业集合体。它既包括遥感、地理信息系统、卫星定位与导航等领域，也包括以地球空间信息技术和产业为基础，融合其他相关技术与产业所产生的各类新应用、新服务和新业态。

地球空间信息及服务产业是信息产业的重要组成部分，也是当前最具成长潜力的战略性新兴产业，产业发展正呈现极强的增长性和带动性。系统研究地球空间信息产业的发展需求与产业前景，制定科学的产业技术发展路线，对促进中国地球空间信息产业的健康发展具有重要意义。

# 1 产业发展成为全球竞争新热点

地球空间信息产业与国民经济、社会发展和民生服务等紧密相连，目前已经成为衡量一个国家经济、社会、军事和科技发展水平的重要标志之一。地球空间信息技术与当今经济和科技的发展紧密结合，形成了一个市场发展迅速、技术不断更新、服务模式不断升级的新兴产业。目前，地球空间信息产业在全球的年产值超过 1000 亿美元，并以每年超过 20% 的速度增长。

发达国家世界各主要空间技术大国竞相发展地球空间信息产业[1]，国际巨头企业近几年也纷纷加入产业竞争的行列。美国盘踞世界空间技术超级大国位置，拥有世界上在轨服务的 2/3 卫星系统，美国 GPS 系统是目前最为成熟的、应用最为广泛的卫星导航定位系统，已经占到全球应用的 95% 以上。俄罗斯保持世界空间技术大国地位，拥有世界上先进的空间站，具有可全球服务的卫星导航系统。欧盟发展独具特色的空间技术，其全球环境安全监视系统（GMES），实现了不同地球观测能力的卫星与地面运营服务网的综合集成[2]。其他国家也积极参与地球空间信息产业领域竞争，日本拥有先进的航天技术和经济实力，并力图发展军事航天。印度近几年也开始加大发展航天技术力度，企图成为未来亚洲空间强国。韩国也将航天技术确定为“第二次科学技术立国”的重心，并批准和开始实施《韩国空间开发中长期计划》。

# 2 产业技术路线研究方法

产业技术路线图是一种较具代表性的产业技术路线研究方法，它是在产业技术规划的基础上发展起来的，主要用于对产业现实起点与预期之间的发展方向、发展路径、关键环节、时间进程及资源配置等进行科学设计和控制，并以研究流程或图表的方式进行形象表达。

产业技术路线图不但能使行业内的企业共同认清所处的经济社会环境、识别新机会、发展新能力、把握技术发展潮流、确定优先发展顺序，同时也能够促进行业内各企业的资源整合，组成战略联盟，发挥优势，开展合作，共同致力于共性关键技术的突破，提高产业的发展水平[3]。

产业技术路线图作为产业战略集成规划方法，已经在许多国家和地区得到应用，并被证明是一种行之有效的科技创新管理工具。美国在20世纪70年代后期的摩托罗拉公司和80年代早期的Corning公司，先后采用了技术路线图的管理方法。之后的许多国际大公司，如微软、三星、Lucent公司、Lockheed-Martin公司和Philips公司等，也都在广泛应用产业技术路线图的研究方法[4]。1992年美国半导体产业协会（Semiconductor Industry Association，SIA）在美国政府的支持下发布的国家半导体产业技术路线图（National Technology Roadmap for Semiconductors，NTRS）是被报道的第一个产业层次的技术路线图[5]。

产业技术路线图可通过多种形式表现，大卫·普罗贝特（David Probert）通过研究多个路线图案例，总结出路线图的表现格式主要包括：多层型路线图、表格型路线图、图解型路线图、流程型路线图和文本型路线图等。

## 3　对中国地球空间信息产业的重点研究内容

中国地球空间信息产业发展正处于快速发展阶段，创新能力逐渐提升，产业基础设施初具规模，经济效益日益显著。本研究针对中国地球空间信息领域的遥感、地理信息系统及导航定位等子领域的发展现状与需求，围绕中国“十二五”期间重点部署的重大应用系统，选择了5个重大应用系统作为产业技术路线图的研究重点，并围绕这些重点产业，开展产业应用子系统和产业关键技术的相关研究。

重点研究的5个重大应用系统包括：全国遥感网、全球空间信息服务系统、导航与位置服务网、智慧城市空间信息网格和卫星移动通信系统。其中，①全国遥感网的建设目标是要形成以遥感定量产品为核心的遥感感知网；②全球空间信息服务系统的目标是要构建广域网的信息动态介入、一体化融合、自动化与智能化的时空信息分析系统；③导航与位置服务网的目标是在充分利用和完善现有导航基础设施和资源的基础上，建立高精度导航与定位服务基础平台；④智慧城市空间信息网格的目标是建立更透彻感知、更广泛互联、更智能决策、更灵性服务和更安全敏捷的智慧城市信息网格服务平台；⑤卫星移动通信系统的目标是开展基于北斗GEO卫星的移动通信试验，突破星间和星地链路通信的关键技术，构建中国独立自主的卫星移动通信系统。

## 4　产业技术路线图及其相关研究

本研究通过对中国地球空间信息及服务产业的5个重大应用系统的产业前景、产业链及其关键环节、产业关键技术及其专利状况等进行的系统研究，结合开展的产业关键技术专家调查和专利分析，以基于市场层面——基于产品及系统层面——基于产业关键技术层面——基于产业发展对策层面等作为研究主线，结合专家对每项关键技术的首次应用时间和产业化时间的分析评价，综合形成了产业重大应用系统技术路线图（图1）。

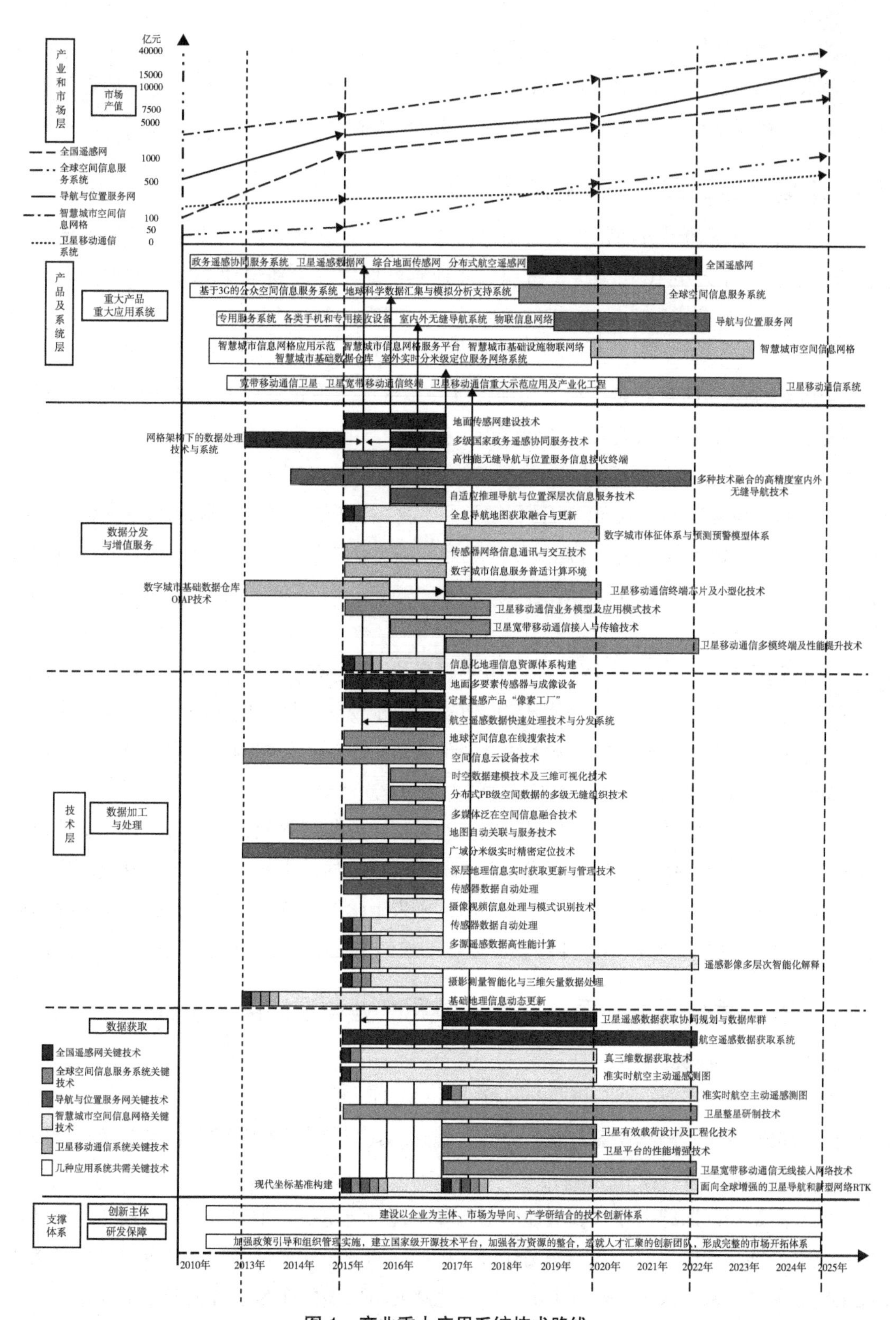


**图 1　产业重大应用系统技术路线**

以下对该路线图“从上至下”的顺序，从市场层面研究、产品及系统层面研究、产业关键技术层面研究及发展对策层面研究 4 个方面，对中国“十二五”地球空间信息及服务产业重大应用系统技术路线图，进行研究过程的具体描述。

## 4.1 市场层面研究——产业市场前景

在全国遥感网建设方面，中国目前已经建立了专业遥感中心 30 余个、区域性遥感中心 40 多个、从业人员 10 余万人。按照国家遥感产业发展规划预计，2015 年中国遥感产业产值将达 1000 亿元，以目前 30% 的年增长率估算，预计 2020 年产业产值将达到 2500 亿元。

中国全球空间信息服务系统的构建，进一步扩展了卫星遥感产业的应用领域，将实现服务于中国重大工程和重大任务的建设。据统计，中国卫星遥感产业 2010 年产值已达 23.5 亿元，2015 年要达到 64.5 亿元，2020 年产业产值将有望达到 247.8 亿元[6]。

在导航与位置服务网方面，中国目前涉足卫星导航应用与服务产业的厂商与机构已经超过 5000 家，2010 年产值已经超过 500 亿元[7]。据中国卫星导航系统管理办公室负责人表示，中国卫星导航产业近几年增速高达 30% ~ 50%，预计 2020 年产业年产值将达 4000 亿元人民币[8]。

关于智慧城市空间信息网格，自 2010 年以来，中国已有 154 个城市提出建设智慧城市，投资规模已超过 1.1 万亿元，中国智慧城市建设正呈现从大城市向中小城市、从东部向中西部扩散发展的趋势。据住房和城乡建设部预计，“十二五”期间，中国智慧城市试点投资总规模将达到 5000 亿元，2020 年将达到 1.4 万亿元[9]。

在卫星移动通信系统方面，中国卫星移动通信产业与国外相比仍较落后，目前还没有形成自主运行的通信系统。当前全球个人卫星移动通信的产生和发展，将引发全球通信的重要变革，具有巨大的市场潜力。专家指出，未来中国卫星移动通信业务将占整个移动通信业务的 3% ~ 4%，预计 2020 年中国卫星移动通信产业产值将达到 225 亿元。

## 4.2 产品及系统层面研究——产业链和产业重要应用子系统

（1）产业链研究

地球空间信息产业主要是以空间数据获取与处理、地理信息系统软件、智能导航系统、空间信息系统集成、测绘仪器与装备为产业基础，其产业链上中下游包括了空间段、地面段和应用段三大部分（图 2）。

空间段是指以遥感手段来获取地面信息和实现导航定位，主要包括航天遥感、导航定位和航空遥感。其中，航天遥感是指通过卫星遥感的手段获取地面信息，导航定位是指通过全球卫星导航系统来实现位置定位，航空遥感是指以飞机作为平台获取地面信息。

地面段是指地面数据的采集，以及对所获取的空中和地面数据的处理、分析和加工。主要包括测绘、导航与位置服务、数据加工处理和数据采集设备。

应用段是指对数据信息的应用和运营服务。主要包括政府行业应用和大众化应用。其中，政府行业应用包括国防、安全、国土、水利、测绘、电力、交通、农业和规划等行业的应用；大众化应用包括互联网地图服务、消费电子导航、LBS和智能车载定位等应用。

重点研究的5个重大应用系统的研发需求，将直接贯穿于地球空间信息产业链的3个不同阶段，且产业链空间段、地面段和应用段关键技术的研发状况，将直接影响重大应用系统的构建水平。

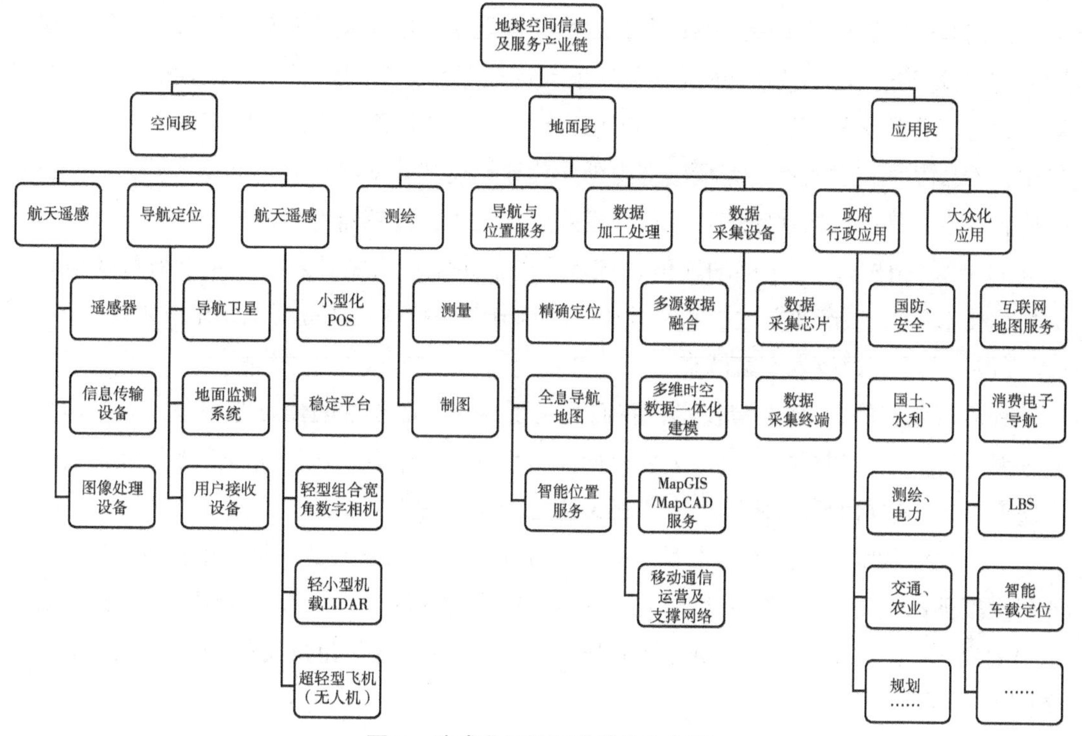


**图2 地球空间信息及服务产业链**

（2）产业重要应用子系统的研究

在重点研究的全国遥感网、全球空间信息服务系统、导航与位置服务网、智慧城市空间信息网格和卫星移动通信系统5个重大应用系统中，专家提出每个应用系统将可实现若干子系统的构建，并形成若干产业化示范工程或相关产品。

全国遥感网可实现政务遥感协同服务系统、卫星遥感数据网、综合地面传感网及分布式航空遥感网的构建；全球空间信息服务系统可实现基于3G的公众空间信息服务系统、地球科学数据汇集与模拟分析支持系统的构建；导航与位置服务网可实现专用服务系统、室内外无缝导航系统、物联信息网络的构建，以及各类手机和专用接收设备的产品研发；

智慧城市空间信息网格可实现智慧城市信息网格应用示范、智慧城市信息网格服务平台、智慧城市基础设施物联网络、智慧城市基础数据仓库、室外实时分米级定位服务网络系统的构建；卫星移动通信系统可实现宽带移动通信卫星、卫星宽带移动通信终端、卫星移动通信重大示范应用及产业化工程的实现。

## 4.3 产业关键技术层面研究——产业关键技术研究、专家调查和专利分析

（1）产业关键技术研究

围绕重点研究的5个重大应用系统及相应的产业应用子系统，我们选择与应用系统产业发展密切相关的55项关键技术，开展了产业关键技术的深入研究。

全国遥感网选择了卫星遥感数据获取协同规划与数据库群、航空遥感数据获取系统等20项产业关键技术。全球空间信息服务系统选择了地球空间信息在线搜索技术、地图自动关联与服务技术等17项产业关键技术。导航与位置服务网选择了广域分米级实时精密定位技术、多种技术融合的高精度室内外无缝导航技术等9项产业关键技术。智慧城市空间信息网格选择了摄像视频信息处理与模式识别技术、传感器网络信息通信与交互技术等12项产业关键技术。卫星移动通信系统选择了卫星整星研制技术、卫星有效载荷设计及工程化技术等15项产业关键技术。其中，有部分关键技术在各应用系统中有重复。

（2）产业关键技术专家调查

针对所选择的55项关键技术，我们开展了“中国地球空间信息及服务产业关键技术专家调查”。专家调查的对象，主要是面向与地球空间信息与应用服务产业发展密切相关的研究单位，包括大学、研究机构和相关企业共40余家。

产业关键技术调查的内容主要包括8个方面，即：该技术对产业的重要性；目前中国的研发基础；该技术的首次应用时间；该技术的产业化时间；该技术受国外技术出口管制的限制程度；该技术受到的专利制约程度；产业发展目前存在的问题；建议该技术的发展途径。

从调查反馈的问卷数量来看，共收回问卷45份。其中，大学：26份问卷，约占回收问卷总数的58%；研究机构：6份问卷，约占回收问卷总数的13%；企业：13份问卷，约占回收问卷总数的29%。

从对55项关键技术专家调查的统计结果看：

有61.8%的关键技术，专家认为对产业“很重要”，如卫星有效载荷设计及工程化技术、全息导航地图获取融合与更新等。

有50.9%的关键技术，专家认为目前中国的研发基础处于“较好”以上，如高精度天地协同真实性检验技术、真三维数据获取技术等。

有38.2%的关键技术，专家认为需要“10年以上”才能实现首次应用，如卫星平台

的性能增强技术、自适应推理导航与位置深层次信息服务技术等。

有 40.0% 的关键技术，专家认为需要“6 年以上”才能实现产业化，如卫星宽带移动通信无线接入网络技术、全球温室气体分布监测仪等。

有 52.7% 的关键技术，专家认为受国外技术出口管制的限制程度处于“较大”以上，如高性能组合导航、高光谱快速辐射传输计算技术等。

有 61.8% 的关键技术，专家认为受到专利制约的程度处于“较大”以上，如全球临近空间大气卫星精细探测技术、地图自动关联与服务技术等。

有 92.7% 的关键技术，专家认为中国应立足于“自主开发”，如 25 米天线伸竿等有效载荷关键技术、数字城市基础数据仓库 OLAP 技术等。

（3）产业关键技术专利分析

针对选择的 55 项关键技术所开展的专利分析，主要是以国家知识产权局“专利检索与服务系统（公众部分，该系统共收录了 103 个国家、地区和组织的专利数据）”为数据源进行专利检索，检索的时间跨度为 2000—2013 年。经过专利清洗，最终形成有效专利共 5647 件。其中，检索出的中国国内申请专利数量为 5212 件，国外来中国申请的专利数量为 435 件。

从专利申请总量来看，中国专利申请数量呈现出由缓慢发展到较快增长的态势（图 3）。例如，在 2000 年申请专利的数量仅为 10 件，2001 年为 25 件，2005 年也仅为 94 件。但自 2006 年以来，中国专利申请数量出现了较为明显的增幅，且一直保持着年均 20% 以上的增长速度。2011 年，中国专利申请数量已达 828 件，尤其是从 2012 年开始专利年申请量已经超过千件，达到 1434 件。这表明地球空间信息产业的关键技术研发正在逐渐成熟。

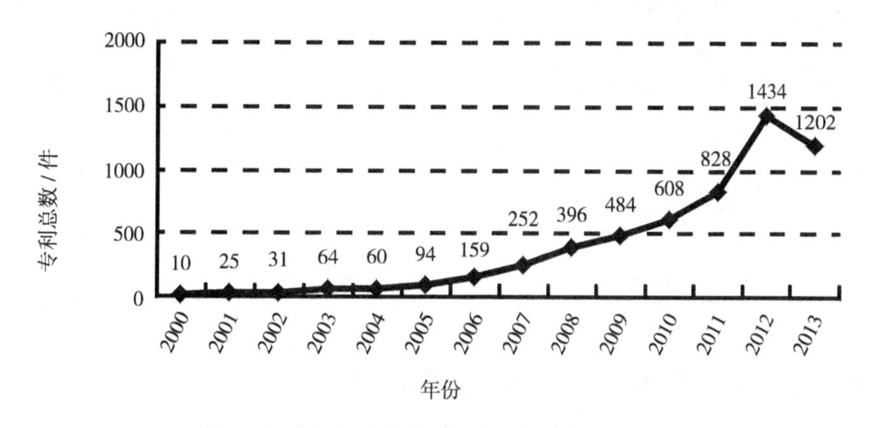


**图 3　地球空间信息产业领域历年专利申请情况**

从专利申请的产业链分布来看（图 4、图 5），中国产业链上游的空间数据获取拥有的技术专利数量仅占中国专利总量的 15%，中游的数据处理与加工拥有的专利约占中国专利总量的 27%，而在产业链下游的应用与服务环节拥有的专利则占中国专利总量的 58%。

表明中国在应用与服务环节投入力量较大，这与国外较注重在产业链上游空间数据获取方面，形成较为明显的差别。

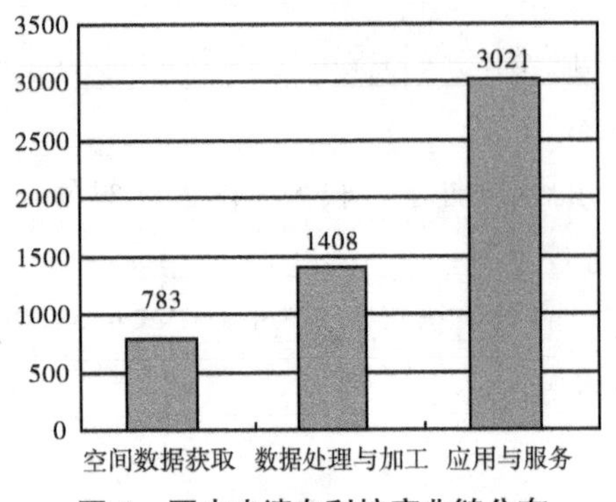


图 4　国内申请专利按产业链分布

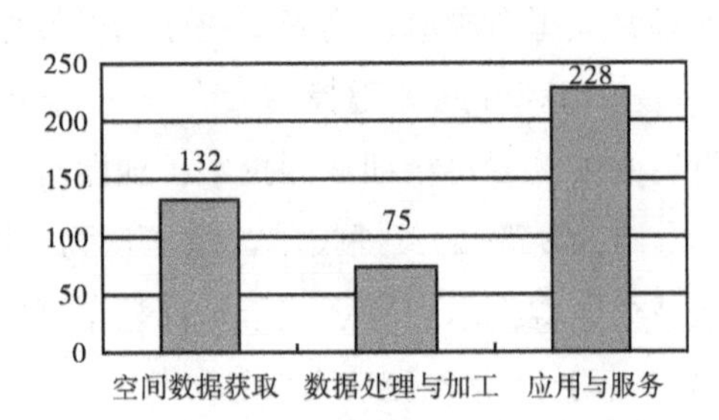


图 5　国外来华申请专利按产业链分布

从专利申请的机构分布来看（图 6、图 7），中国企业申请的专利占国内申请专利总量（5212 件）的 39%，高校申请的专利占 38%，中国科研院所申请的专利占 15%，显示了中国高校和科研院所目前是中国地球空间信息产业的研发主力。而从国外在中国申请的专利状况来看，企业是国外申请专利的主体，在 435 件国外申请专利中，有 99% 的专利其申请机构都是来自企业。

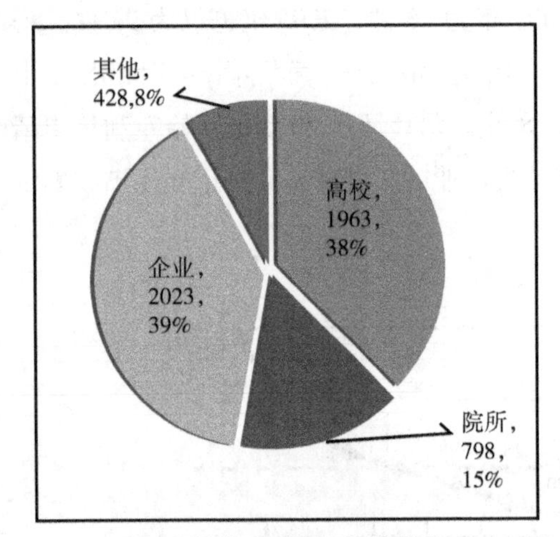


图 6　国内专利申请机构分布

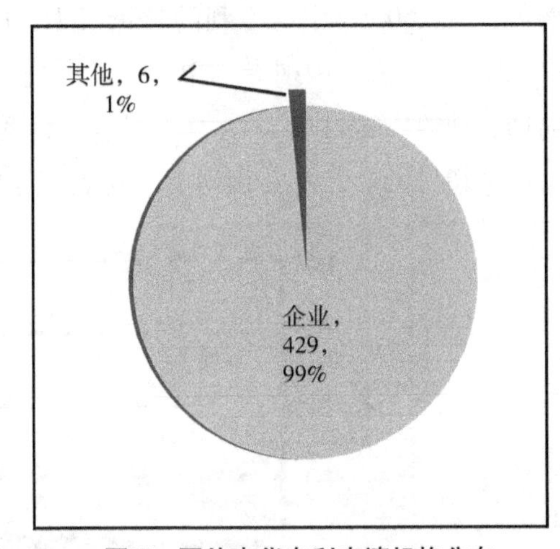


图 7　国外来华专利申请机构分布

## 4.4　发展对策层面研究——产业发展建议

专家认为，发展中国地球空间信息产业，不但需要更加明确产业的创新主体，注重支持重点企业的自主研发，同时也要制定更加完备的研发保障措施。

一是支持高端关键技术研发，不断提高应用水平。在专家调查的关键技术中，很多关键技术的首次应用时间和产业化时间相距偏长，有的技术在首次应用后，仍需 7 ~ 8 年的时间才能实现产业化。因此，中国应进一步加强在数据获取、数据处理和应用服务等高端关键技术的研发力度，进一步提高应用能力。

二是建立国家级开源技术平台，避免重复性研发。当前中国在技术研究方面，重复性的研发活动过多。基于目前中国科技界开源风气尚浅，建议国家出面采用招投标方式，向各研究院所和企业购买地理信息基础技术，整理后开源共享，以利于企业特别是小微企业和初创企业，能够更加专注于先进技术的研发创新。

三是注重各方资源整合，构建完整的市场开拓体系。应注重支持重点企业，特别是中小企业的自主研发，促进企业的技术集成与应用，加快科技成果产业化步伐。聚集国内各方优势资源，推进国家地球空间信息产业化基地的建设。同时，也要加强应用与服务的规范管理，建立健全知识产权激励机制和交易制度，完善技术转移机制。

四是注重人才培养，造就人才汇聚的创新团队。研究建立地球空间信息产业相关学科人才的统计制度，加大人才培养力度，尊重人才成长规律，创造一个少数尖子人才与众多高技术产业人才共同成长的环境。

五是加强政策引导，营造产业发展的良好环境。加强政府对地球空间信息产业发展及基础设施建设的宏观管理与协调，加强市场的规范管理，使企业能够在公平合理的竞争环境下健康发展。

## 参考文献


[1] 科学技术部．这十年：地球观测与导航领域科技发展报告．北京：科学技术文献出版社，2012.

[2] 国家遥感中心．地球空间信息科学技术进展．北京：电子工业出版社，2009.

[3] Phaal Robert，Farrukh Clare，Probert David．技术路线图：规划成功之路．苏峻，等，译．北京：清华大学出版社，2009.

[4] 刘细文，柯春晓．技术路线图的应用研究及其对战略情报研究的启示．图书情报工作，2007，51(6):37-40.

[5] 曾路，汤勇力，立从东．产业技术路线图：探索战略性新兴产业培育路径．北京：科学出版社，2014.

[6] 宋海丰．中国卫星应用产业发展前景．中国航天报，2011-09.

[7] 国家测绘地理信息局．中国地理信息产业发展报告（2011）.2012.

[8] 陈玉明，张建松．预计2020年中国卫星导航产业年产值将达4000亿．(2011-05-18) [2017-03-15].http://www.xinhuanet.com.

[9] 张旭．智慧城市市场空间巨大行业将延续高成长．(2013-06-05) [2017-03-15].http://www.caijing.com.cn.

# 服务转型路线图的制定：基于技术组织的视角

Robert R. Harmon[1], Gregory L. Laird[2]

(1.School of Business, Portland State University, Portland, USA,

2.Consulting Services, Datalink Corporation, USA)

**摘要** 面对与日俱增的压力，产品技术公司采用面向服务的商业模式，瞄准提高销量和增强盈利能力的新机会。但在向面向服务的战略转变过程中，公司会遇到各种风险。面向服务的商业模式跨越多个区域，需要新技能、新设计、资源、文化变革、客户价值创造的渠道及创新战略。由于多种风险存在，许多组织缓慢采取服务模式；同时在转型期间也可能失去信心，甚至干脆放弃。本文将探讨高科技公司服务转型的过程，并使用技术路线图的方法阐述战略维度及面对的问题，同时也将介绍服务转型的商业模式参数。

**关键词** 服务转型；路线图；技术组织

## 1 引言

技术公司从产品加工向以服务为主导的商业模式转变，是其过去20年中最重要的发展趋势。制造商正在向服务转型，并作为提高销量和利润的一大手段（Kindstrom，2010；Ulaga，2011）。这体现了制造业从产品主导到服务主导的转变逻辑（Neu，2008；Vargo，2004）。服务不像产品那样具体可见，服务建立在关系的基础上，与客户一起创造价值（Vargo，2009；Matthyssens，2008；Ordanini，2011）。服务资源的这一特点使其难以复制（Fang，2008；Bharadwaj，1993）。从单纯的产品商业模式向以服务为主导的商业模式转变，公司可通过扩大产品、开拓新市场、加强与客户的互动来提高竞争优势，从而提高经济效益（Mathieu，2001；Gremyr，2010）。

---

作者简介：Robert R.Harmon，美国波特兰州立大学商学院教授，邮箱：harmonr@pdx.edu；Gregory L.Laird，数据链（DATALINK）咨询服务公司副总裁。

翻译：朱姝。感谢作者的翻译授权。

IBM 是服务转型的先驱。个人电脑和互联网（联网客户／服务器破坏了 IBM 的公司集成方案主机业务）的双重革命促使 IBM 必须开启服务转型的进程。两大革命改变了客户看待价值的方式，也改变了他们使用和购买 IT 产品的方式。个人和业务部门都主张控制 IT 战略和购买决策，IT 变得日益分散化和个性化。到 1993 年，IBM 的销售额为 645 亿美元，净亏损达 90 亿美元。于是，IBM 考虑将公司分解为独立的业务板块。

1993 年 4 月 1 日愚人节那天，Louis V.Gerstner 走马上任，成为 IBM 的新任 CEO 兼董事长。这是 IBM 首次聘请外部人员担任公司高层职务。在此之前，Gerstner 是纳贝斯克的董事长兼 CEO、美国运通旅行社服务公司董事长兼 CEO，以及麦肯锡董事。Gerstner 不但着眼于改革公司的战略和文化，更加注重以客户为中心。他依旧保持了 IBM 公司的完整性，重建产品线，缩小员工队伍，并将集成业务解决方案再次作为核心竞争力，强调 IBM 在技术和服务方面居于世界一流水平。1995 年，在计算机分销商展览（COMDEX）大会上，Gerstner 宣布了新的战略。网络计算和服务将推动公司发展，服务很快成为增长最快的业务板块。到 2000 年，IBM 重新成为 IT 服务创新引导者。到 2012 年，IBM 已经成为全球领先的 IT 服务公司（Gerstner，2012）。IBM 的成功也给行业带来了彻底的改变。HP、Oracle、Salesforce、SAP、西门子、思科也采用了服务商业模式（Young，2008）。

制造业公司渴望找到能发挥自身竞争优势的市场新机会，这是驱动其向以服务为主导的商业模式转变的首要动因（Kindstrom，2010；Harmon，2011）。但增长缓慢、竞争激烈、技术变革迅速、产品周期短暂、劳动力成本高、材料和能源成本持续走高、供应链长、经济环境不佳、管理懈怠自满，这些因素使得许多公司及其产品降级至商品的地位。为了打破这一局面，公司纷纷转向服务创新，以此促进发展和利润增长（Kim，2009）。IBM、HP、亚马逊、苹果等公司已成功成为整体方案提供者，其转变商业模式，从服务中不断创造价值贡献。但是许多公司却对从产品到服务转型的初始结果倍感失望。转型带来的是仿制服务，为产品提供支持，但却没有在将客户融入进来的服务上实现重大突破。在此情况下，服务是产品的“附加”，而非创新型的服务商业模式（Berry，2006；Jacob，2008；Mathieu，2001）。

本文旨在制定技术路线图，用以阐述转型为面向服务的模式所需经历的转型阶段和深层维度。本文将展开案例分析，研究高科技公司如何设计战略，从商品部件制造商转型为面向服务的集成方案供应商。第 2 部分为文献综述，回顾关于面向服务的商业模式的关键维度、转型框架和公司考虑因素的背景文献。第 3 部分为服务转型过程的案例研究，文中将介绍技术路线图的方法论、服务维度、发展情况及原理。第 4 部分介绍对管理者的影响及技术公司转型为服务导向的框架建议。

# 2 服务转型

## 2.1 服务创新

服务创新需要开发和整合新服务“产品”和流程（Mathieu，2001）。创新可能源于新的核心利益或新的服务交付体系（Berry，2006）。通常，制造商会根据旧的核心业务设想新的服务，从而提高整体产品的价值（Gremyr，2010；Matthyssens，2008）。保修、维护、融资和支持服务等的特点是支持产品(Services that Support the Product,SSP)或支持“产品服务”（Mathieu，2001）。它们通常归于产品的“无形”维度，可在售前、售时、售后交付。它们不能实现显著的客户定制，不能增强客户关系密切程度（Mathieu，2001）。它们体现的是商品主导的逻辑（GDL）和价值交换的交易（Vargo，2009）。

支持客户行为的服务（Services that Support Customer' s actions，SSC）能够共同创造价值，其特点是“作为产品的服务”，可独立于产品或由产品提供（Mathieu，2001）。SSC 的例子有融资服务，库存外包和管理维护，面向过程的培训和咨询，外包设计和制造，云服务，服务软件和营销服务。SSC 体现的是服务主导的逻辑（Service Dominant Logic，SDL）原则，交付使用中的价值（Vargo，2004）。基于关系的 SSC 提供高程度的定制化，将供应商的价值主张与客户的体系和组织结合在一起（Mathieu，2001）。制造业公司发现要实现异质化和保持竞争优势的持续性，仅凭 SSP 还远远不够。此外，客户预期不断走高，SSC 提供了回应客户预期的主要途径，创造异质化的解决方案，交付更优质的价值，从而增加竞争者模仿的难度。对于制造业企业来说，服务创新已成为促进经济发展的首要驱动因素（Baines，2009；Gebauer，2011；Potts，2007）。

SDL 就是应用知识、技能等能力将服务创新的方式概念化，提供从产品导向到服务导向转型的理解视角(Ordanini，2011)。从根本来说，转型需要从关注交换价值的交易(GDL)转为关注基于客户关系的使用价值（SDL）(Gremyr，2010；Lusch，2010)。从增量支持服务发展为支持产品（SSP）是服务转型过渡的常见初始步骤，也是制造商发展支持产品（SSP）的增量服务的初始步骤。支持产品的服务有保修、融资，以及培训（Mathieu，2001）。从本质上来讲，这些服务都属于产品与 GDL 的微观维度。SSP 是交易性的，缺乏明显的差异化，很容易被竞争对手（效仿者）打败，同时也无法获得与客户共同创造价值的机会，与客户关系的紧密程度较低（Mathieu，2001）。SSP 方法的特点更像是低程度持续创新，不通过颠覆性服务创新来提供创造竞争优势的潜力。支持客户的服务（SSC）正成为制造企业创新的主要途径（Gremyr，2010）。SSC 需要开发高价值服务，如假设客户需要维修功能，则提供云计算、电动汽车电池更换等 IT 服务。这些服务以合作的方式将制造商的产品与客户的体系和组织相结合（Gebauer，2011；Mathieu，2001）。SSC 体现了 SDL，因为它使供应商摆脱对交换价值交易的依赖，转而依赖交付使用价值的客户关系。

SSC 可以提供显著的差异化，让竞争对手难以匹敌，且可在初始服务合作阶段外，保持与客户长期共同创造价值的机会。因此，SSC 具有高程度持续创新的特征，拥有创造颠覆性服务创新的潜力，在价值系列中共同创造颠覆性价值。

## 2.2 服务转型过渡框架

讨论从产品过渡到服务的战略和运营方式的文献并不多，且没有规范的相关战略及操作手册。Kindstrom 发现这一缺陷，于是改编了 Chesbrough 2007 年的商业模型框架（BMF）。他创造出基于服务的商业模型，用于在产品到服务的转型中，以及在新服务开发与服务创新的联系中识别关键因素并加以分类（Kindstrom，2010）。基于服务的商业模型的关键因素有：①价值主张；②目标市场；③价值链；④收入机制；⑤价值网络中的相对位置；⑥竞争战略。有观察发现，大多数新服务的开发都集中在服务提供、基础流程和基础架构的变化上，而没有对公司必须考虑的战略变革予以足够重视。公司应采用整体的商业模式方法，培养客户关系，实现服务价值的可视化，创造能动态适应客户需求的服务组合（Kindstrom，2010）。

Gebauer 确定了 3 种制造业企业使用的服务战略类型：①售后服务提供商；②客户支持提供商；③开发合作伙伴。以前外包伙伴被视为第四种战略类型（Gebauer，2011）。每一种类型都需要不同的组织结构、人力资源、企业文化、绩效考评与奖励体系。笔者认为，这些类型可以作为连续的渐进步骤，制造商从商品生产商过渡到主动为客户提供支持，最后到与客户共同创造价值的创新方案提供商（Davidsson，2009；Gebauer，2011）。

在与产品相关的服务创新方面也有先例可循。集成的（产品相关）与分离的创新都受一线员工、信息分享、多职能小组、渠道工具（交付过程映射）、ICT 基础设施和应用程序、内部组织结构，培训教育的影响（Gebauer，2011）。服务领先者、服务工作者的独立性、市场测试和市场调查对分离的服务创新具有积极的影响。战略焦点、外部关系、资源的可获取性与管理支持对集成和分散的服务创新都有益处，而对后者的益处更为显著（Gebauer，2011）。

制造业企业的商业模式从产品主导过渡到服务主导，Gremyr 提出了与其服务创新相关的三大关键维度：①服务转型：整合产品相关服务，进入已搭建的基础服务市场，拓展以关系为基础或以流程为中心的服务，并负责最终用户业务，如服务；②供给：从交易转为关系，开发支持 IT 的服务，提高服务的复杂度；③项目开发：改进当前的产品供给，开发新服务，加强与客户的联系，评出服务领先者（Gremyr，2010）。本研究把从产品到服务的过渡看作一个连续的过程，该过程支持产品（SSP）和支持对客户的服务（SSC）（Mathieu，2001）。

Oliva 和 Kallenberg 研究了装备制造企业，他们的预期是服务转型的连续过程是从“服务作为附加”发展到“有形货物作为附加”，以此搭建基础服务。过渡过程有5个阶段：①整合产品相关服务；②进入已搭建的基础服务市场；③扩展基于关系的服务；④扩展基于流程的服务；⑤负责维护等终端用户操作（Oliva，2003)。

一直以来，服务研究的焦点主要集中在零售环境的单纯服务上。然而，商业市场更常见的是多样化供给。制造商向服务过渡，结合了产品和服务的多样化方案才是服务创新连续化过程的逻辑演进，如此，可将制造商置于更有利的市场竞争地位（Oliva，2003)。Ulaga和Reinartz将多样化的服务价值主张分为两类：其一是“面向供应商的服务”（类似SSP)；其二是“面向客户流程的服务”（类似SSC）。每一个都可以再细分，分为“供应商承诺履约（输入）”或“供应商承诺执行（输出）”（Ulaga，2011)。基于这2×2的方案，服务供给共有以下4种类型。

（1）第1象限：产品周期服务（PLS)，SSP/基于输入

PLS可让客户获取供应商的产品，并确保产品在寿命周期中的性能。

例如，交货、安装、检验、检测、产品回收利用。

（2）第2象限：资产效率服务（AES)，SSP/基于输出

旨在提高客户资产生产力的服务。

例如，远程监控喷气发动机，基于云软件的服务。

（3）第3象限：过程支持服务（PSS)，SSC/基于输入

促进客户优化业务流程的服务。

例如，IT、物流、能源消耗咨询。

（4）第4象限：过程代理服务（PDS)，SSC/基于输出

代表客户执行流程的服务。

例如，维护管理、库存管理。

制造商将服务逐步添加到产品中去，且后续会更注重支持客户流程的服务。研究认为典型的迁移路径顺序是PLS、AES、PSS、PDS（Ulaga，2011)。

卓越的能力和优质的资源是开发和执行多样化供给的必要条件，而这可通过异质化和低成本实现。本文提出了向多样化供给转型所需的5项独特能力：①服务相关的数据处理和风险阐释能力；②风险评估和缓解能力；③服务性能设计能力；④多样化供给的销售能力；⑤多样化供给的部署能力。此外，本研究发现有4类资源对实现多样化供给具有关键作用：①产品用途和公司实际安装过程中的加工数据；②产品开发、资产制造和人力资源；③经验丰富的产品销售队伍和配送网络；④现场服务机构。研究还发现，多样化的解决方案可以通过两种途径增强优势：其一，差异化——可以有力地影响定价；其二，创建成本优势（Ulaga，2011)。

服务创新能力和资源也能影响服务转型战略。Fang指出了影响公司价值的4个机制：

①知识与资源杠杆；②不断增强的客户忠诚度；③战略焦点丢失；④组织的矛盾。前两个对转型战略产生的是积极影响，而后两个则是负面影响。绩效指标颇为有用，它用于反映公司服务战略的迁移进程，以及整体销售中实际的服务销售所占的“服务比例”。密集型服务占到了销售的20%～30%，对提升公司价值来说，向服务转型的实效是显而易见的（Fang，2008）。在新市场中，服务创新带来的利润更高、回报更多。成功转型的企业实现了充分过渡，从产品主导、基于交易的客户关系过渡到服务主导、与客户共同创造价值的协作关系。

表1展示了从纯产品到纯服务过渡的服务迁移路径框架。制造业企业向服务转型的演进可从产品到服务的连续过程中得以体现（Mathieu，2001；Ulaga，2011）。在这一演进过程中，制造业企业的价值构成越来越呈现出以服务为主导的特点。从阶段2到阶段5，多样化供给达到一个阈值，服务从支持产品转换为支持客户行为。表中最后一阶段是纯服务。多数制造业企业都不可能达到这一阶段。一些企业需要通过产品（苹果、索尼、微软）来提供服务。因此，可将制造商同时定位在多个阶段。此外，根据客户需求，企业有可能会跳过或倒回某个阶段（Ulaga，2011）。

**表1　服务迁移连续性的适应**

| 阶段 | 供给类型 | 服务迁移 | 服务类型 | 主要价值取向 | 客户关系 | 服务 |
|---|---|---|---|---|---|---|
| 1 | 纯产品 | 产品制造商 | 无 | 产品主导的逻辑 | 交易相关 | 工业标准客户服务 |
| | | | 或最小的SSP | 交换价值 | | |
| 2 | 产品周期服务（PLS） | 确保产品可获取性与使用寿命周期内产品性能的服务 | SSP | 产品主导的逻辑 | 交易相关 | 产品一体化服务（设计） |
| | | | | 基于交换价值的输入：供应商承诺执行特定活动 | 低服务比例 | 现场工程支持 |
| | | | | | | 运输 |
| | | | | | | 安装 |
| | | | | | | 质量保证 |
| | | | | | | 文件检查／测试 |
| | | | | | | 回收／再利用<br>24/7热线咨询 |
| 3 | 资产效率服务（AES） | 与供应商产品相关的，提高产出和／或降低客户成本的服务 | SSP | 产品主导的逻辑 | 大多与交易相关 | 升级／更新 |
| | | | | | | 产品定制咨询 |
| | | | | 基于交换价值的输出：供应商承诺实现特定结果 | 低中等服务比例 | 产品／技术培训 |
| | | | | | | 产品／技术 |

续表

| 阶段 | 供给类型 | 服务迁移 | 服务类型 | 主要价值取向 | 客户关系 | 服务 |
|---|---|---|---|---|---|---|
| 4 | 过程支持服务（PSS） | 优化客户操作的服务 | SSC | 服务主导的逻辑 | 关系相关 | 共同开发 |
| | | | | | | 过程咨询 |
| | | | | | | 过程培训 |
| | | | | 基于交换价值的输入 | 中等服务比例 | 过程研发 |
| | | | | | | 专有软件服务 |
| 5 | 过程代理服务（PDS） | 为客户执行流程的服务 | SSC | 服务主导的逻辑 | 关系相关 | 库存管理 |
| | | | | | | 维护管理 |
| | | | | 基于交换价值的输出 | 高服务比例 | 工程服务 |
| | | | | | | 营销／销售服务 |
| 6 | 纯服务，同一供应商不需要产品 | 提供综合服务 | SSC | 服务主导的逻辑 | 关系有关 | 电动汽车电池充电 |
| | | | | | | 电影流 |
| | | | | 使用价值 | 高共同创造价值比例 | 云服务 |
| | | | | | | 业务咨询 |

# 3 制定服务转型的路线图

Alpha 科技公司（Alpha Technology）是一家无晶圆厂半导体企业，主要负责设计、包装及出售运输、通讯、能源、航空航天等领域的关键元件。该企业规模中等，但其产品销售市场遍布全球，在北美、南美、亚洲、欧洲、非洲，都分布有该公司的原始设备制造商（OEM）（贴牌生产厂商）和经销商。该公司自成立以来发展迅猛，但自 2008 年起，面对成本更低的亚洲竞争对手，该公司的市场地位遭遇挑战。Alpha 科技公司的核心产品非常独特，其他设计和材料的产品性能与其相差甚远。随着时间推移，公司已经转向更为成熟的解决方式，更加以系统和软件为主导。除少量的客户服务业务外，公司专注于产品业务。为应对增长放缓、利润率下滑的压力，满足不同的消费者需求，公司于 2009 年开始着手研究，探索可供公司选择的服务战略。

## 3.1 研究方法

制定服务转型路线图的过程，共分为 4 个阶段，分别为：内部分析、客户分析、路线图制定、后续活动（Kappel，2001)。这在本质上属于定性方法，目的在于开发多种可供选择的服务类型，从而使得负责制定路线图的工作组，可以根据市场需求、资源需求和公司能力（Daim，2008；Gerdsi，2010；Geum，2011；Phaal，2004），从中提炼出可行的服务选项。

### 3.1.1 阶段一：内部分析

阶段一的目的在于收集背景数据，为开展第二阶段的客户研究做准备。阶段一的数据收集工作包括：查阅市场研究报告，收集顾客满意度调查结果，与主要管理人员进行访谈。深度访谈的对象主要是公司高级主管，以及工程与研发、市场营销、区域销售、生产、质量管理、供应链管理、分销、物流、采购、客服等部门的主管。在长达22小时的访谈中，谈论的问题涉及公司、市场发展趋势、竞争对手、产品、技术、服务机遇等方面，范围极为广泛。对访谈的文本内容进行分析，找出其中的关键问题，将其中有关服务机遇的看法集中起来，并将结果提交给即将负责制定服务转型路线图的工作组。该工作组由8名成员构成，分别是来自工程与研发、生产、市场营销、客服、运营、信息技术、供应链及财务部门的高级管理人员。

### 3.1.2 阶段二：客户分析

通过深度访谈的方法，从关键客户处收集数据信息。使用上一阶段内部分析的结果，制定出一份半结构化访谈指南，为潜在的服务机遇提供反馈，同时征求关键客户的意见，获得更为广泛的服务选择。Alpha科技公司的管理团队选择了公司细分市场中最大的部分用于调查，该市场几乎占据公司总体业务的一半。该市场极为复杂，特点是技术变革速度较快，存在大量的贴牌生产（OEM）客户。在管理者们看来，该市场是最有可能实现服务创新的部分，最终选择了25位与Alpha科技公司存在直接业务往来的客户作为访谈对象。潜在的访谈对象全部都是资深管理者，熟知Alpha科技公司的产品，同时对于Alpha科技公司作为一家供应商的表现，也是甚为了解。这些访谈对象的职位主要是：供应链经理、销售经理、服务总监、营销副总、企业战略总监、服务支持经理、工程与研发副总、元件工程经理，以及资深设计工程师等。

公司主要的销售人员，身负维系客户关系之责，负责招募这些受访者。调查中电话联系了这25位客户，其中有23位完成了电话访谈，每位客户的访谈时间为60～90分钟不等。访谈小组有两名访问者成员，其中一位为主访问者，两位访问者都对访谈过程做了详细记录。应受访者要求，访谈过程并未录音。访谈过程中鼓励每位受访者直接坦率地表达观点。为确保这一点，受访者可以选择隐匿自己及所在公司的身份。并且向所有受访者做出承诺，所有的访谈内容将会被汇总至一起，确保在最终报告中，无法辨别出任何受访者个人或所在公司的信息。最终有7位受访者选择了匿名方式。

每次访谈结束后，对比两位访问者的访问笔记，并将所有的访谈细节整理形成电话访谈报告。就访谈内容而言，两位的笔记存在高度的一致性。然而，在有些情况下，同一位受访者的评论所表达的真正含义，两位访问者的理解存在不同，针对某一具体话题，两位访问者记录的详细程度也存在差别。这种情况下，两位访问者要么达成统一共识，要么将各自的解读都写入电话访谈报告中。针对两位访问者记录的访问细节，存在不同之处，除非有一方提出质疑，否则便将同一主题的所有细节都结合在一起。

为识别服务转型的主要战略、资源、能力及其他相关问题，对电话访谈报告的内容进行分析。并将分析结果根据以下几个方面进行归类：服务需求、服务范例、关键资源与能力、影响服务创新的商业环境。

### 3.1.3 阶段三：制定路线图

在进行客户调研的阶段，负责制定路线图的工作组，参加了一些研讨会和相关会议，以熟悉服务创新和服务转型的主题。他们还查阅了相关的研究论文和以往实例，出席主要服务企业的在线研讨会。

在 2010 年年末，工作组举办了多次研讨会，整理客户分析结果。根据公司的资源、能力和商业处境，探讨何种服务战略最为可行。在最初几次的头脑风暴会议上，讨论内容很少超出产品的范围，因为公司当时正在应对的主要问题就是产品研发、供应链和执行问题。尽管工作组在讨论中也涉及某些服务问题，但他们明显习惯于以产品为主。2011 年年初，工作组邀请了一些之前受访的客户，进行面谈。这些会面激励了工作组去探索企业的服务前景。在 2011 年夏季和初秋，工作组举办了 4 期专门针对路线图制定的探讨会，每期会议持续两天时间。最终制定出了一份详尽的战略规划路线图，用于公司向服务转型的最初尝试阶段。本文以通用形式展示了该路线图的各要素，专有细节都已被略去。但本文还是保留了指示服务要素、关键资源和能力的代表性标签，维持了原有的关系和时间。

### 3.1.4 阶段四：后续活动

路线图被制定出之后，组建了一个“臭鼬工厂”创新服务研究小组，进一步探索和研发混合服务战略。制定了一个初级的服务计划，邀请了关键客户作为“beta”公测对象，从而确定最终服务计划。

## 3.2 路线图制定

### 3.2.1 服务偏好

第二阶段中客户研究的结果，如表 2 所示。研究使用了 SSP（支持产品的服务）和 SSC（支持客户行动的服务）的分类标准，对客户所提及的混合服务进行分类。

在表 2 中，左边一栏的调查结果表明，客户主要关注的是与产品相关的客服和交付问题（SSP/ 支持产品的服务）。出现这一结果，很可能是由于 Alpha 科技公司近期所面临的质量、可靠性和现货供应（供应链）问题。这些问题非常显著，在客户群中引起了广泛担忧。不能提供每天 24 小时客户服务，尤其令客户感到担忧。所有的客户问题都是通过邮件或电话来处理，缺乏系统性。有些情况下，客户收不到电话回复，或者必须要寻找恰当的人来处理。Alpha 已经具备完善的测试能力，但并非在公司内部，无法与研发和生产过程完美融合在一起。近来一段时间，客户一直要求包括设计在内的一体化服务。Alpha 科技公司的技术非常复杂，需要较高的技能，才能在贴牌生产的产品中，将公司的元件性能发挥至最优。除此之外，客户发现产品订购和其他的业务流程难以处理。Alpha 科技公司尽管是由新兴企业发展而来，却仍在使用旧式的订单，不具备产品生命周期管理能力、企业供应链管理及电子数据交换能力等。有时候，单是订购产品就需要花费几天的时间。订购之后，顾客难以追踪查询送货状况。对于供货商提供的产品，以及供货商承诺为客户实施的某一特定活动，这些服务都能为其提供支持。在表 1 的服务分类中，这些服务都属于产品生命周期服务（PLS）（Ulaga，2011）。产品生命周期服务能够使客户使用供应商的产品，并且能够确保产品在有效寿命内性能发挥至最优。

在表 2 右边一栏中是支持客户行动的服务类型（SSC），其中的流程委托服务（PDS），本质上就是将电子制造服务（EMS）外包出去，在负责制定路线图的工作组看来，这一服务不具备可行性。电子制造服务属于大宗商品业务。之前 Alpha 科技公司曾经尝试多品种、小批量生产，实行产品定制化生产，满足其特定的用途。但由于其他的电子制造企业用大批量的大宗商品业务，来补贴小批量的定制化业务，Alpha 科技公司没有规模化生产，就无法与其他企业相抗衡。这对于 Alpha 企业来说，这种方式会带来亏损。工作组愿意考虑设计与研发，以及软件或信息与通信技术等服务类型，这些服务在表 1 的混合服务分类体系中，属于流程支持服务（PSS）。人们认为，设计工作只要操作得当，具备较大的利润潜力。这些服务都是用于帮助客户提升自己的业务流程（Ulaga，2011）。

**表 2　关键客户所需的服务选项**

| 支持产品的服务（SSP） | 支持客户活动的服务（SSC） |
| --- | --- |
| 产品生命周期服务（PLS） | 流程支持服务 |
| 产品支持 | 设计与开发服务 |
| 包括设计在内的一体化援助 | 用户定制设计服务 |
| 现场技术 / 工程支持 | 协作开发服务 |
| 24 小时全天候客服咨询台 | 工程咨询服务 |
| 对产品问题做出快速反应 | 产品整合培训 |
| 产品现货供应服务 | 技术路线图整合 |
| 退货 / 维修服务 | 快速成型 |

续表

| 服务等级协议 | |
|---|---|
| 降低执行风险（延迟交货，不符合产品性能要求） | 软件 / 信息与通信技术 |
| 测试与文档 | 针对特定客户应用进行产品测试的仿真软件 |
| 产品质量和可靠性检测 | 网络供应链管理一体化 |
| 自动光学检查 | 产品生命周期管理软件 |
| 环境检测与认证 | |
| X 光与电气测试证明 | 流程授权服务 |
| 产品文档 | 外包服务 |
| | 电子制造服务（EMS） |
| 供应 / 物流 / 库存 / 采购 | 装配活动外包服务 – 模块和子系统 |
| 需求预测 | 产品工程服务 |
| 库存可视性 / 产品现货供应 | |
| 确保网上订购 | |
| 准时制造的运货追踪 | |
| 物流 | |
| 供应链 / 订单可视性 | |
| 终身价值分析 | |

### 3.2.2 资源与能力

（1）独特资源

20 多年来，Alpha 作为一家关键半导体元件的供应商，一直处于领先地位。因此，Alpha 科技公司拥有以下重要资源。

- 各部分市场用户群的产品用途、流程数据，以及设计需求；
- 丰富的材料科学知识；
- 高能的设计工程团队；
- 关系牢固的关键战略伙伴；
- 遍布全球的销售组织。

供应链是 Alpha 科技公司较为薄弱的领域，主要是由于稀土材料等关键资源紧缺。

（2）特殊能力

- 解决问题的能力。Alpha 科技公司的工程团队在满足顾客设计需求，以及解决产品的制造工艺问题上，能力是有目共睹的。

• 按照客户需求设计产品的能力；
• 公司具备向混合服务战略转型的探索能力和探索意愿。

在这一方面，Alpha 的薄弱之处在于缺乏按照服务设计产品的能力，公司的工作团队正开始培养能力，将具体方法和抽象方法融入混合服务中，创造新的营业收入或降低成本。

### 3.2.3 服务转型技术路线图

图1中展示了Alpha科技公司向服务导向型企业转型的战略性规划技术路线图(Daim，2008；Geum，2011；Phaal，2004)。它代表了负责制定路线图的工作组的评估结果，即公司在 3 年内切实可以提供的服务种类。该路线图解决了服务转型的流程问题，客户、SSP（支持产品的服务）和 SSC（支持客户行动的服务）服务的发展、产品迁移、技术资源需求、组织变迁等都会因此受到影响。

（1）市场细分

制定服务转型路线图的工作组，选择在所划分出的市场 1 中，定位一个小规模的关键客户群，作为其所开发的服务选项的公测之所。其目的在于开发和调整这些服务选项，然后再将它们投放至整个细分市场的客户群中。最终将会定位于其他的贴牌生产（OEM）细分市场，以及新兴市场。

（2）支持产品的服务（SSP）

这一服务路线中所包含的，大多数是新型服务选项，这些服务选项将会在规划期间被研发和引入。从许多方面来说，Alpha 科技公司都正在服务领域迎头追赶。其对自己的认知是以产品为导向的工程企业。第一年里，公司所提供的服务主要是解决绩效缺口，尤其是在客户服务、问题解决、现场工程支持、订购及产品运输追踪等方面。在工作组看来，这些服务并不能够产生收益。从一开始，这些就应该是服务选项的一个组成部分。但其相信这些服务能够提高客户忠诚度，降低生产成本。其打算建立起环境监管和清洁技术方面的专业技能。其所追求的认证资质，将能够满足客户需求，同时还预示着可持续设计和工程服务的未来计划。

（3）支持客户活动的服务（SSC）

Alpha 科技公司位于亚洲原始设备生产商（OEM）和原始设计制造商（ODM）需要较多的工程援助。因此，其打算在亚洲建造一所工程设计实验室，在自己所擅长的市场提供咨询和设计服务。其正在探索几种潜在的合作开发项目。

（4）产品转移

Alpha 科技公司的目的在于逐渐往食物链的上端转移，在例如清洁技术等机遇较大的新兴市场上，设计和制造自己的贴牌生产产品。产品转型和服务转型相辅相成。

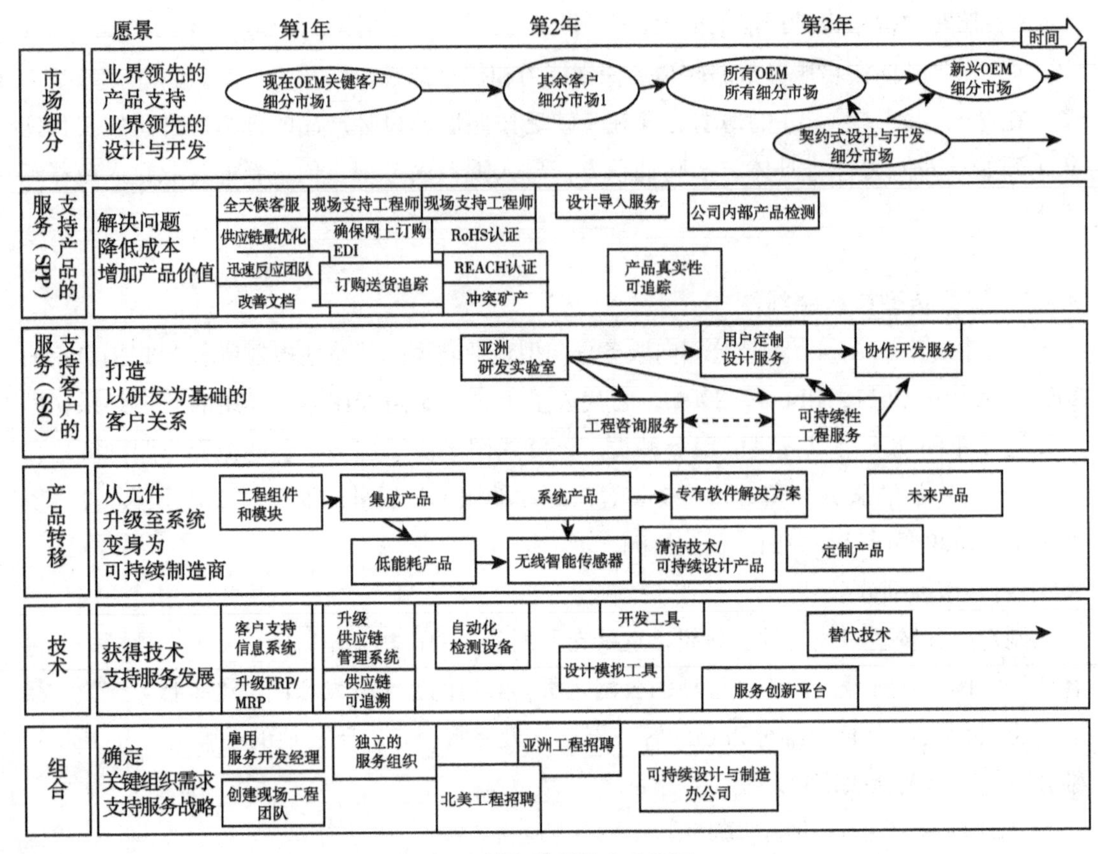


**图1　服务转型技术路线图**

注：① RoHS 认证：《关于限制在电子电器设备中使用某些有害成本的指令》。
　　② REACH 认证：化学产品注册、评估、认可和限制。

（5）技术

Alpha 科技公司要想具备关键服务整合能力，线路图路径方面的技术是必不可少的。Alpha 科技公司目前已经具备了这一方面的部分能力，但尚未达到较高水平，无法将关键服务进行完美的整合，因而无法支持业务发展所需的高性能。第 1 年和第 2 年，线路图的各要素，在本质上都是对现有系统的升级，到第 3 年，就应开发出服务创新平台。目前工作组正在明确这一平台。

（6）组织

制定路线图的工作组决定开发一个独立的服务组织。Alpha 科技公司之前在服务开发中的尝试，并没有取得太大进展，由于业务压力的原因，服务开发总是被置于次要地位。其将会创造一个服务组织，该组织致力于开发和执行服务战略。

# 4 服务转型商业模型

以产品为导向的企业如何制定一个以服务为导向的商业模型，从而实现向服务转型。对此，Kindstrom 提供了一个强有力的证明（Kindstrom，2010）。Alpha 科技公司正在使用 Chesbrough 的商业模型框架，来开发自己的服务商业模型。Chesbrough 的商业模型框架中，将成本结构和潜在利润放在第 7 条。尽管 Alpha 科技公司的商业模型尚在开发过程中，但从中不难看出，战略性规划线路图，是如何应用于协助开发服务转型商业模型的。该商业模型中所包含的要素如下（Chesbrough，2010）。

①价值主张。清楚阐释公司针对特定目标市场所开发的产品和服务，能够创造何种价值。

②市场细分。识别目标市场，公司所提供的服务能够满足何种用途，以及其背后原因是什么。

③价值链。对于公司的服务产品在创造和分配过程中所需的价值链结构，进行清楚界定。公司需要何种内部资源和能力，来支持企业在价值链中的地位。

④收入机制。公司所提供这些服务，将会为公司带来何种报酬。

⑤成本结构和潜在利润。考虑到公司的价值主张及公司在价值链中的结构，公司提供服务的成本结构和潜在利润是什么？评估公司相对的定价能力。

⑥在价值链中的位置。供应商、客户、竞争者及支持性组织，都会对公司服务产品的创造过程产生影响，外部价值链将它们全部连接起来。

⑦竞争战略。制定竞争战略，服务创新企业与其竞争对手相比，将会获得并保持竞争优势。

# 5 结论

在极富挑战性的市场环境中，制造商为了改善业务成果，正在转向服务导向的商业模型。服务创新能够为制造企业提供竞争优势，企业可以通过服务创新，重新给自己定位，远离大宗商品市场，抛开价格导向型竞争对手。因为这些竞争对手还不具备能力，无法开发出先进的服务产品，更不用说将其出口或出售。实施服务创新战略的制造商，可以推广其价值主张，拓展市场范围，从而比后来者更具备竞争优势。本文记录了一家制造型企业以战略性方式向服务转型的早期规划阶段。对于制造型企业的管理者来说，该公司在制定服务转型路线图的过程中，所发现的一些问题和制定战略的方法，对其他企业也具备参考意义。在我们看来，制造型企业向服务转型，是当今时代最重要的趋势之一。

## 参考文献

[1] Antioco M, Moenaert R K, Lindgreen A, et al.Organizational antecedents to and consequences of service business orientations in manufacturing companies.Journal of the Academy of Marketing Science, 2008, 36: 337-358.

[2] Baines T S, Lightfoot H W, Benedettini O, et al.The servitization of manufacturing: A review of literature and reflection on future challenges.Journal of Manufacturing Technology Management, 2009, 20 (5) : 547-567.

[3] Bharadwaj S G, Varadarajan R P, Fahu J.Sustainable competitive advantage in service industries: A conceptual model and research propositions.Journal of Marketing, 1993, 57 (4) : 83-99.

[4] Berry L, Venkatesh S, Parish J T, et al.Creating new markets through service innovation.Mit Sloan Management Review, 2006, 47 (2) : 56-63.

[5] Chesbrough H.Business model innovation: It' s not just about technology anymore. Strategy & Leadership, 2007, 35 (1) : 12-17.

[6] Chesbrough H.Business model innovation: Opportunities and barriers.Long Range Planning, 2010, 43: 354-363.

[7] Davidsson N, Edvardsson B, Gustafsson, et al.Degree of service innovation in the pulp and paper industry.International Journal of Service Technology and Management, 2009, 11 (1) : 24-41.

[8] Daim T U, Oliver T.Implementing technology roadmap process in the energy services sector: a case study of a government agency.Technological Forecasting and Social Change, 2008, 75: 687-720.

[9] Fang E, Palmatier R W, Steenkamp J B E M.Effect of service transition strategies on firm value.Journal of Marketing, 2008, 72 (4) : 1-14.

[10] Gebauer H, Gustafsson A, Witell L.Competitive advantage through service innovation by manufacturing companies.Journal of Business Research, 2011, 64: 1270-1280.

[11] Gerdsi N, Assakul P, Vatananan R S.An activity guideline for technology roadmapping implementation.Technology Analysis & Strategic Analysis, 2010, 22 (2) : 229-242.

[12] Gerstne L V.Who says elephants can' t dance.New York: Harper Business, 2002.

[13] Geum Y, Lee S, Kang D, et al.Technology roadmapping for technology-based product service integration: a case study.Journal of Engineering and Technology Management, 2011, 28: 128-146.

[14] Gremyr I, Lofberg N, Witell L.Service innovations in manufacturing firms.Managing Service Quality, 2010, 20 (2) : 161–175.

[15] Harmon R R, Demirkan H, Chan H.Redefining market opportunities through technology–oriented service innovation.Technology Management in the Energy Smart World, 2011 (3) : 2981–2990.

[16] IBM Archives.History of IBM: 1990s.IBM Corporation, 2012.

[17] Jacob F, Ulaga W.The transition from product to service in business markets: An agenda for academic inquiry.Industrial Marketing Management, 2008, 37: 247–253.

[18] Kappel T A.Perspectives on roadmaps: How organizations talk about the future.The Journal of Product Innovation Management, 2001, 18 (1) : 39–50.

[19] Kim H.Service science for service innovation.Journal of Service Science, 2009, 1: 1–7.

[20] Kindstrom D.Towards a service–based business model: Key aspects for future competitive advantage.European Management Journal, 2010, 28: 479–490.

[21] Lusch R F, Vargo S L, Tanniru M.Service, value networks and learning.Journal of the Academy Marketing Sciences, 2010, 38: 19–31.

[22] Mathieu V.Product services: From a service supporting the product to a service supporting the client.Journal of Business and Industrial Marketing, 2001, 16 (1) : 39–58.

[23] Matthyssens P, Vandenbempt K.Moving from basic offerings to value–added solutions: Strategies, barriers, and alignment.Industrial Marketing Management, 2008, 37 (3) : 316–328.

[24] Neu W A, Brown S W.Forming successful business–to–business services in good dominant firms.Journal of Service Research, 2005, 8 (1) : 3–17.

[25] Neu W A, Brown S W.Manufacturers forming successful complex business services. International Journal of Service Industry Management, 2008, 19 (2) : 232–251.

[26] Oliva R, Kallenberg R.Managing the transition from products to services.International Journal of Service Industry Management, 2003, 14 (2) : 160–172.

[27] Ordanini A, Parasuraman A.Service innovation viewed through a service–dominant logic lens: A conceptual framework and empirical analysis.Journal of Service Research, 2011, 14 (1) : 3–23.

[28] Phaal R, Farrukh C J P, Probert D R.Technology roadmapping—a planning framework for evolution and revolution.Technological Forecasting and Social Change, 2004, 71: 5–26.

[29] Potts J, Mandeville T.Toward an evolutionary theory of innovation and growth in the service economy.Prometheus, 2007, 25 (2) : 147–159.

[30] Reinhartz W, Ulaga W.How to sell services more profitably.Harvard Business Review, 2008, 86 (5) : 90–96.

[31] Shah D Rust R, Parasuraman A, et al.The path to customer centricity.Journal of Service Research, 2006: 113–124.

[32] Ulaga W, Reinhartz W J.Hybrid offerings: howmanufacturing firms combine goods and services successfully.Journalof Marketing, 2011, 75: 5–23.

[33] Vargo S L, Akaka M A.Service–dominant logic as a foundation for service science: Clarifications.Service Science, 2009, 1 (1) : 32–41.

[34] Vargo S L, Lusch R F.Evolving to a new dominant logic for marketing.Journal of Marketing, 2004, 1 (68) : 1–17.

[35] Young L.From products to services: Insights and experience from companies which have embraced the service economy.John Wiley & Sons, 2010, 21 (2) : 260–264.

# 基于共享问题开发的技术路线图研究

Tsunayoshi Egawa, Kunio Shirahada
(Japan Advanced Institute of Science and Technology, Faculty of Knowledge Science,
Ishikawa, Japan)

**摘要** 在IT行业中，制定灵活的技术开发计划对于技术型企业至关重要。技术路线图作为一种战略工具，充分考量了技术推动和市场拉动因素。然而，工程师特质一方面会认为基于高度不确定性假设的预测技术，在技术推动方面不合逻辑；另一方面会倾向在市场拉动方面去验证信息合理性。为克服这一点，需要将组织管理见解纳入技术路线图，为IT行业的技术路线图提出一种新方法。在本研究中，我们设计了一个基于共享问题的技术路线图，包含面向未来的问题、三层次结构和上升形状。通过对日本IT服务公司进行行为研究，我们发现，这种方法对于提升合作行为实现未来愿景是行之有效的。

**关键词** 共享问题；路线图；IT行业

## 1 引言

IT行业的技术转移非常频繁。对技术型企业而言，制定灵活的技术开发计划（包括技术平台）非常重要。提供多种服务的IT公司（如新闻、电子商务、金融等）需要采取市场拉动的技术策略，因为每项服务的价值都取决于市场发展趋势（Phall et al，2004a）。技术路线图作为一种战略工具，重要性表现在3个方面：一是从商业层面评估各类机会或威胁；二是确定当前形势与未来愿景之间的差距；三是为了弥补差距探寻战略选择（Phaal et al，2004b）。

---

作者简介：Tsunayoshi Egawa，日本北陆先端科学技术大学院大学知识科学学院副教授；Kunio Shirahad，日本北陆先端科学技术大学院大学知识科学学院副教授，邮箱：kunios@jaist.ac.jp。
翻译：袁立科。感谢作者的翻译授权。

然而，以下两类工程师遇到的具体问题使实践难度增大：（i）倾向避免技术不确定性的假设；（ii）在市场拉动方面倾向去验证信息合理性。路线图方法当然也有局限性（Capretz，2003；Myers et al，2012）。Strauss 和 Radnor（2014）认为，工程师们倾向于将重点从不确定性未来转移到确定性未来上，这将对他们的创意造成影响。这些都与组织行为理论有关，如如何改变员工的心态和行为等。因此，需要将组织管理见解纳入技术路线图，从而为 IT 行业的技术路线图提供一种新方法。在本研究中，我们采用动机认知模型，并提出了一个基于共享问题的技术路线图，由面向未来的问题、三层次结构和上升形状 3 个部分组成。

# 2 基于共享问题的技术路线图

## 2.1 要素

本文提出了一个框架，包括以下 3 个部分，以涵盖 IT 工程所关注的具体问题。

### 2.1.1 面向未来的问题

本要素有助于唤起实现愿景的情形。因为精心设计的问题会使参与者的注意力集中在愿景上（Roger，2012；Stout-Rostron，2014）。例如，下列问题会引发深入思索和面向未来的思考："你将会做什么""你将会怎么做"（Wilson，2007）。在组织中，分享愿景和难题能激发出组织成员的想法。面向未来的问题提出愿景和难题，进而唤起实现愿景的想法。

### 2.1.2 三层架构

要了解市场条件与技术发展的关系，路线图的纵轴描述至关重要（Phall et al，2004b）。列出图表上的 3 种不同类型层次有助于战略规划和理解面向未来的问题。上层描述了有潜力改变业务状况的利益相关者情况；中层描述了根据利益相关者情况和需求提出的有价值的组织服务；下层描述了实现中层内容需要获得的组织技术知识情况。

### 2.1.3 上升路径

为了使参与者更易想象未来目标，我们的路线图呈上升形状。上升图表中的箭头有助于理解三层架构不同主体间的关系。由于图表呈上升状，箭头也随之上升，从而唤起参与者实现目标的动力，并改变参与者的观念。

## 2.2 图表

综合上述 3 个主要部分，基于共享问题的技术路线图（SQTR）就可以整合起来（图 1）。

为更好地参与制图，SQTR 会提出 3 个一般性问题："我们的关系是什么""我们为什么这样做""如何建立关系"。3 个问题的结构依据 Deci 的动机认知模型设定（Peci，1985），主要涉及 3 个方面：能量源、目标和行为。3 个问题还带有 3 个附加问题。SQTR 图表就是根据这些答案做出来的。

第 1 个问题"我们的关系是什么"，用来理清组织当前的外部和内部关系。问题 1–1"为谁交换什么价值"的答案显示了外部和内部关系能够创造的价值。问题 1–2"如何交换价值"的答案显示了当前战略下的组织活动。问题 1–3"我们有哪些技术"的答案揭示了工程师们所掌握的正式及非正式的技术。这些答案表明利益相关者的价值和组织战略间的差异，同时也显示出组织内知识和行动的差距。这些差异将引向第 3 个问题："如何建立关系"。

第 2 个问题"为什么这样做"是为了加深对组织目标的理解。问题 2–1"利益相关者最重要的价值是什么"的答案用来表示驱动利益相关者需求的最核心价值。问题 2–2"我们这样做的理由是什么"的答案表明参与者不断服务于价值的最基本动机。问题 2–3"什么问题能刺激我们面向未来"的答案显示了参与者对战略选择的问题讨论。为便于共同理解，问题的答案应该用简单、友善的表达方式。对问题的共识性理解将加强解决问题 3（"如何建立关系"）的动机。

第 3 个问题"如何建立关系"是为了探索实现组织愿景和任务的战略选择。问题 3–1"如何交换价值"的答案表明组织应交换其价值服务的特点。问题 3–2"我们应该采用什么技术"的答案显示了组织应为开发服务所采用的技术等名称或特点。问题 3–3"我们的服务对利益相关者有什么影响"的答案表明进行价值交换的利益相关者的情况。这些问题的连接点是用于填补未来愿景和现有情况之间差距的战略计划。这些由自己的话表达出来的战略计划会驱动参与主体的参与行为。

## 2.3 基于共享问题的技术路线图

为生成可能催生新产品和市场机会的新技术解决方案，路线图的制定过程源于对市场拉动的考察（Phaal et al，2004b）。然而用传统方法想点子有其局限性。对未来需求的不确定假设可能会将重点转移到验证上（Strauss，2014）。此类行为由两组工程师的特定值驱动，即逻辑思维和理性思维（Capretz，2003；Myers，2012）。

为解决这些路线图可能产生的常见问题，需要获得新的信息因素，以加强合作行为，进而实现理想的未来。每位参与者均需要知晓不确定性，思考未来，并探索实现它的战略选择。我们提出基于共享问题的技术路线图作为解决方案之一。

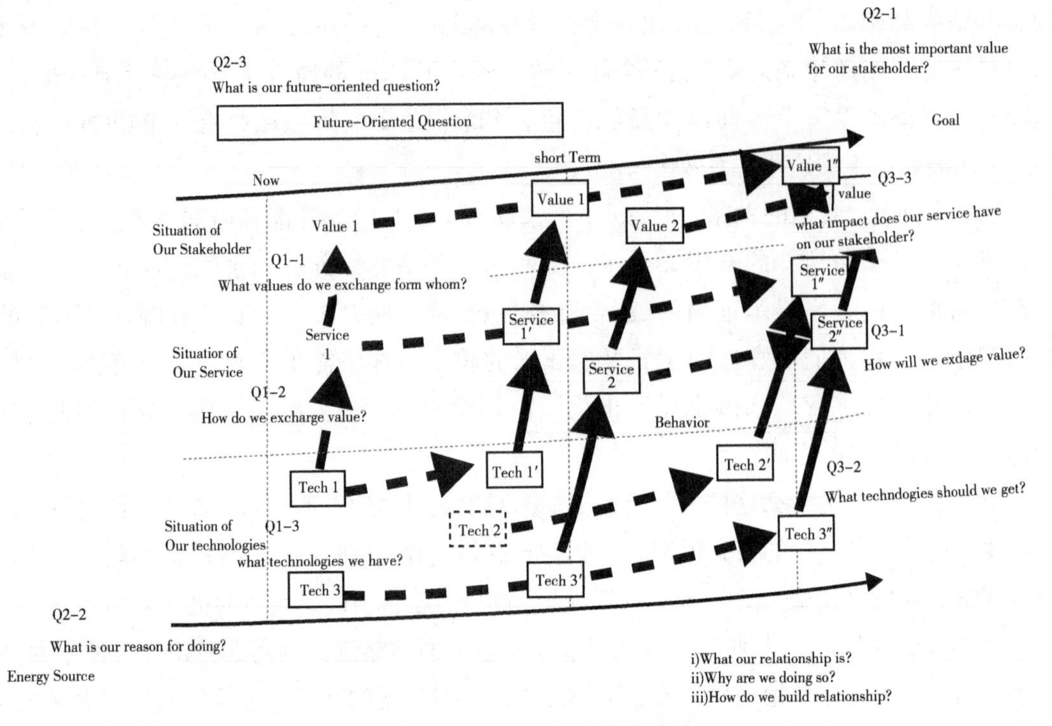


**图 1　基于共享问题的技术路线**

SQTR 结构将训练技巧和动机认知模型结合起来。在商业训练计划中，广泛接受的理论是问题能增加客户范围和对未来的想象（Rogers，2012；Stout-Rostron，2014；Wilson，2007）。与动机认知模型有关、面向未来的问题可以有效激励参与者的行为，以实现组织目标。此外，图 1 中给出了 3 个组成部分，即面向未来的问题、三层架构和上升路径。

# 3　在 IT 平台开发组织中实施 SQTR

## 3.1　目标

一家日本 IT 服务公司近年来正在放缓增长。技术委员会成员认为传统平台是制约因素之一。他们决定制定开发新平台的技术策略，同时满足以下 3 个条件：适应新环境的需要、能够使用现有的用户数据、在一年内实施。

8 月中旬，该公司平台开发部门开展了 SQTR 研讨会。参与者有 13 人（23 名员工）讨论组织愿景。在 13 名参加者中有 1 名部门主管和 2 名团队带头人。

## 3.2　实践

SQTR 由 3 个研讨会组成，参与者每次都要考虑 3 个中心问题：第 1 个研讨会关于“我们的关系是什么”，第 2 个研讨会关于“为什么要这样做”，第 3 个研讨会关于“如何建立关系”（图 2）。

每个研讨会都有 4 场会议，同时增加了推进中心问题讨论的附属问题。在每个研讨会上指定一名参与者作为主持进行讨论，以促进核心问题和附属问题的有效沟通。

在第 1 天的第 1、第 2 场研讨会上，我们将 13 名参与者分为 3 组（图 3、图 4），参与者必须在一场会议中回答一个附属问题。然后在第 4 场会议上，参与者分享答案，完成后根据 3 场研讨会的答案制作图表。

在第 2 天的第 3 场研讨会上，参与者出主意、分享看法、检查可行性并绘制路线图（图 5）。

| Workshop 1 | Workshop 2 | Workshop 3 |
| --- | --- | --- |
| Session1-4<br>Q1:Whan our relationship is? | Session2-4<br>Why are we doing so? | Session3-4<br>How do we build a relationship? |
| Session1-1<br>Q1-1:What our relationship is? | Session2-1<br>Q2-1:What is the most important value for our stakeholders? | Session3-1<br>Q3-1:How will we exchange values? |
| Session1-2<br>Q1-2:How do we exchange values? | Session2-2<br>Q2-2:What is our reason for doing? | Session3-2<br>Q3-2:What technologies should we get? |
| Session1-3<br>Q1-3:What technologies we have? | Session2-3<br>Q2-3:What question is stimulate us for the future? | Session3-3<br>Q3-3:What impact does our service have on our stakeholders? |

Exploring the drive → Enhancing the motivation → Engerging in the behavior

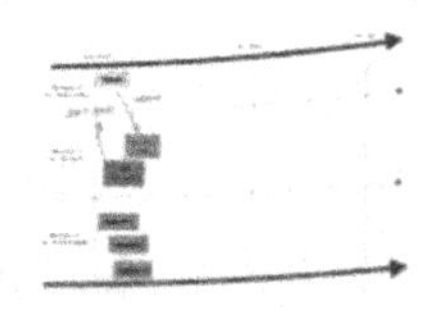

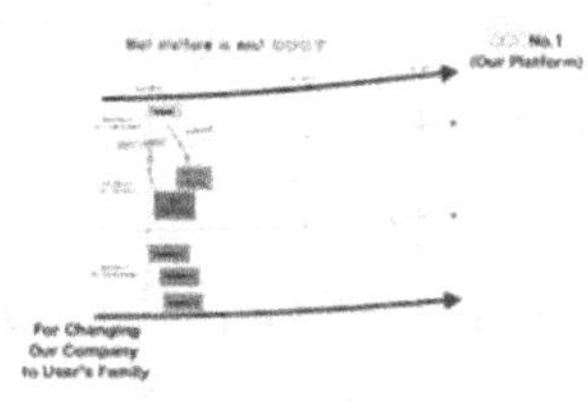

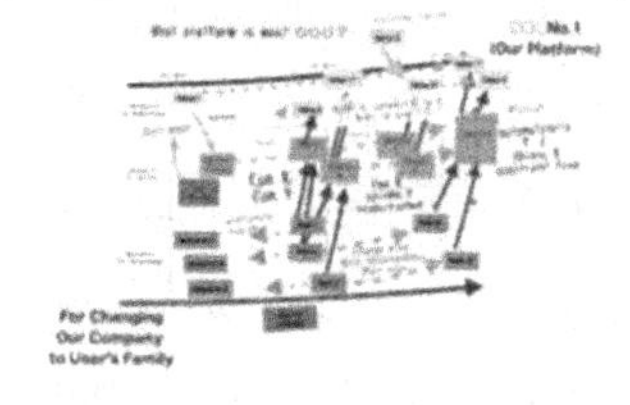

图 2　SQTR 研讨会流程

图 3　SQTR 研讨会活动

图 4　问题 1-1 答案

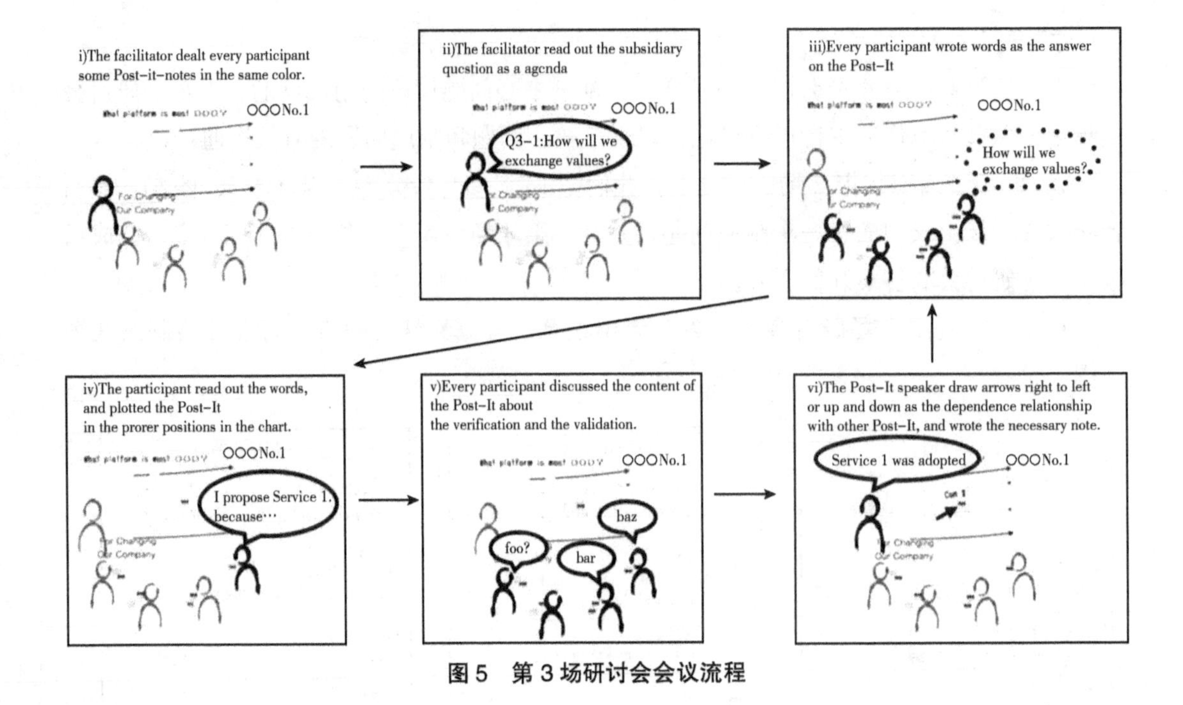


图5　第3场研讨会会议流程

## 4　结果

图6显示了SQTR研讨会的最终结果。由于有保密问题，我们简化了数据内容。路线图在不同时间跨度、频繁批注和图表描述元素方面非常灵活。主要有以下特点。

• 时间跨度：我们决定截止日期为2017年1月，半截点是2016年1月。目标不应超过一年，因为我们必须适应不断变化的市场来升级平台。半截点即我们预计发布测试版的时间。

• 明确阶段：我们明确了各阶段的任务。先考虑了理想的服务状态，然后考虑了测试版和正式发布版。

• 频繁批注：箭头表示和注释有局限性。我们从讨论服务特点和元素含义中提取重要内容。

• 前沿元素：图4中的值3是一直以来都不重要的外部新值。尚不知道该值是否正确，但这个值有一定影响力，有改变其他值的可能。这样的值绘制在图表外。任务是要将服务1提升到价值2。这一实现战略的任务发现于讨论图表的过程中。

• 改变组合：图4中的值2通过添加值3变成值4，为满足不确定条件下的需求，服务C由服务1和服务2组合而来。

• 情感目的：“○○○”对我们和利益相关者都是最友善、最兴奋的话题。情感目标带来笑声和自由的思考。

在这场研讨会中，以下元素和参与者行为通过观察确定。

（参与者 A）增加以客户为导向的评论。

（参与者 B）优先考虑问题的一致性。

（参与者 C）不受干扰地听其他演讲者讲述。

（参与者 D）对别人的技术发起提问。

（参与者 E）就自有技术等重要性问题发表演讲。

（参与者 F）批评不合逻辑的陈述，不批评无逻辑的陈述。

（参与者 G）尝试在路线图元素和他自己的工作间建立关联。

据参与者所述，本路线图具有传统路线图技术无法获取的特点。

• 明确标注愿景和通过点。
• 提出技术开发的交付时间。
• 要素在持续时段内均匀绘制。
• 路线图不过分突出。
• 路线图包含超出预期的元素。

该开发部门决定采用这一路线图作为技术战略。然后在 2015 年 9 月、10 月和 11 月召开技术会议，为实现战略展开讨论。随着技术会议重复召开，参与者也逐渐增多。在 3 次会议上，他们进行了角色分配并决定了粗略的技术规范。

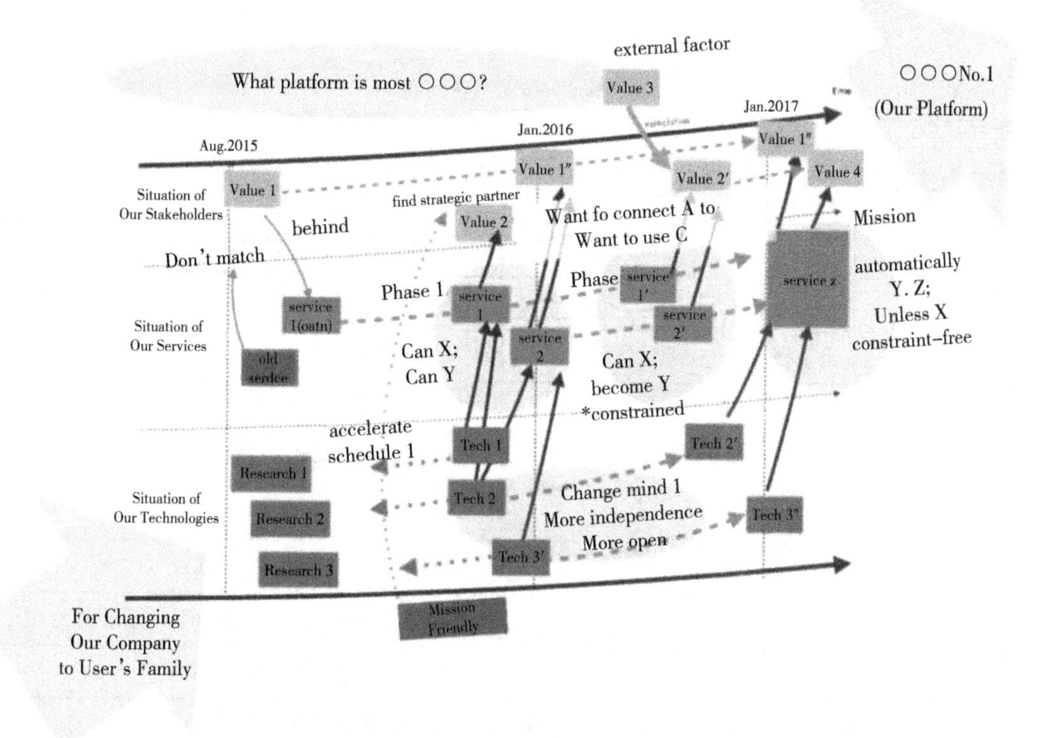


图 6 SQTR 输入示例

# 5 有效性检验

## 5.1 样本和数据收集

为确定 SQTR 的效果，我们在 2015 年 5 月 21 日至 11 月 17 对日本 IT 服务公司的平台开发部门进行了一项行为研究。2015 年 10 月 1 日，由于人事变动（10 人离开，2 人新增），参与者人数从 25 人变为 17 人。

我们分析了路线图实施前和实施后的效果，以确定对组织文化和员工满意度的影响。为评估路线图的有效性，我们在 5 月和 11 月对所有员工进行了企业道德调查。

## 5.2 衡量

企业道德调查主要包含 4 个主题：工作满意度、企业文化、与上级的关系、与企业的关系。在表 1 中显示了用 5 Likert 量表回答的问题。在本文中，我们使用了工作满意度、企业文化、与领导的关系的问题结果，从而描述制定路线图的工程师对观点改变的程度。

## 5.3 分析

为确定路线图的效果，我们进行了 $t$ 检验和描述性统计，以确定路线图实施前后的效果。统计分析使用了 SPSS。

表 1 员工调查问卷

| 序号 | 问题 |
|---|---|
| 工作满意度 | |
| 1 | 我的工作为我带来个人成就感 |
| 2 | 我的技能和能力在工作中得到了良好发挥 |
| 3 | 我工作积极 |
| 4 | 我的工作为实现组织目标做出贡献 |
| 5 | 我的工作使我成长 |
| 企业文化 | |
| 6 | 我们倾听，为了了解不同观点 |
| 7 | 我们对彼此的工作很感兴趣，乐于助人 |
| 8 | 我们尽可能尝试更多新事物 |
| 9 | 我们以顾客为导向做决定 |

续表

| 序号 | 问题 |
| --- | --- |
| 10 | 我们在合作伙伴内外都有良好的关系 |
| 11 | 我们会为实现组织目标而给彼此严格的反馈 |
| 与领导的关系 | |
| 12 | 领导理解我们的能力和技能 |
| 13 | 领导会派给我们有助于职业成长的任务 |

# 6 结果和结论

在实施 SQTR 之前，我们在 25 位员工中收到 22 份有效回复。实施 SQTR 后，17 位参与者中 17 位都给出了有效回复。表 1 显示了变量的平均值、标准差和 $t$ 值。

在实施 SQTR 前后的员工满意度方面，表 2 显示了 SQTR 增强了工程人员对工作满意度——项目 #4（$t$=2.74，$P$<0.01），项目 #5（$t$=2.75，$P$<0.05），企业文化——项目 #6（$t$=4.91，$P$<0.001），项目 #7（$t$=2.55，$P$<0.05），#8（$t$=5.73，$P$<0.001），#11（$t$=2.43，$P$<0.05），以及与老板的关系——项目 #12（$t$=3，$P$<0.01）和 #13（$t$=3.59，$P$<0.01）。

SQTR 参与者的行为表明，我们设定的问题引起了参与者讨论的普遍兴趣。通过观察，我们发现，当参与者认识到问题的答案很重要时，他们会进行情感交流。

共享问题的效果是有助于表达愿景和目标，并提出具有挑战性的计划。路线图已经付诸实施，调查结果中的项目 #8 均证实了这一点。

根据项目 #6、#8 和 #11 的结果，SQTR 有助于提高参与者实现组织目标的动机。参与者 D 和参与者 E 的对话，以及项目 #7 和项目 #12 的定量结果表明，经由 SQTR 得到上级认可，可以加深与上级的人际关系。

**表 2 变量平均值、标准差和 $t$ 值**

| 序号 | 问题 | RM 之前 | | | RM 之后 | | | |
| --- | --- | --- | --- | --- | --- | --- | --- | --- |
| | | 人数 | 平均值 | 标准差 | 人数 | 平均值 | 标准差 | $t$ 值 |
| 1 | 我的工作为我带来个人成就感 | 22 | 2.91 | 1.15 | 17 | 3 | 0.94 | |
| 2 | 我的技能和能力在工作中得到良好发挥 | 22 | 3.05 | 1 | 17 | 2.53 | 0.87 | |
| 3 | 我工作积极 | 22 | 2.73 | 1.12 | 17 | 3.18 | 1.01 | |
| 4 | 我的工作为实现组织目标做出贡献 | 22 | 2.68 | 1.17 | 17 | 3.59 | 0.8 | 2.74** |

续表

| 序号 | 问题 | RM 之前 | | | RM 之后 | | | |
|---|---|---|---|---|---|---|---|---|
| | | 人数 | 平均值 | 标准差 | 人数 | 平均值 | 标准差 | $t$ 值 |
| 5 | 我的工作使我成长 | 22 | 2.77 | 1.15 | 17 | 3.53 | 0.51 | 2.75* |
| 6 | 我们倾听，为了了解不同观点 | 22 | 2.32 | 0.99 | 17 | 3.71 | 0.69 | 4.91*** |
| 7 | 我们对彼此的工作很感兴趣，乐于助人 | 22 | 2.86 | 0.99 | 17 | 3.59 | 0.71 | 2.55* |
| 8 | 我们尽可能尝试更多新事物 | 22 | 2.5 | 1.01 | 17 | 4 | 0.61 | 5.73*** |
| 9 | 我们以顾客为导向做决定 | 22 | 3 | 1.02 | 17 | 3.18 | 0.73 | |
| 10 | 我们在合作伙伴内外都有良好的关系 | 22 | 3 | 0.82 | 17 | 3.12 | 0.86 | |
| 11 | 我们会为实现组织目标而给彼此严厉的反馈 | 22 | 2.95 | 0.95 | 17 | 3.65 | 0.79 | 2.43* |
| 12 | 老板了解我们的能力和技能 | 22 | 2.55 | 0.96 | 17 | 3.41 | 0.8 | 3** |
| 13 | 老板会拍给我们有助于职业成长的任务 | 22 | 2.59 | 0.91 | 17 | 3.59 | 1 | 3.59** |

*$P$<0.05，**$P$<0.01，***$P$<0.001。

项目 #4 和 #13 的结果表明，SQTR 使参与者能够促进对其自身贡献和组织目标的理解。规划自己的战略选择使参与者了解组织目标和个人工作、成长之间的关系。因此，SQTR 创造了对组织目标的理解，使员工了解了组织愿景和不确定情况。可见，路线图方法有助于改善合作行为、化不确定未来为现实并实现组织目标。

## 参考文献

[1] Capretz L F.Personality types in software engineering.International Journal of Human-Computer Studies，2003，58（2）：207-214.

[2] Deci E L，Ryan R M.Intrinsic motivation and self-determination in human behavior. Springer US，1985，5（1）：24-77.

[3] Myers C，Hall T，Pitt.The responsible software engineer：Selected readings in IT professionalism.Springer Science & Business Media，2012.

[4] Phaal R，Farrukh C J，Probert D R.A framework for supporting the management of technological knowledge.International Journal of Technology Management，2004，27（1）：1-15.

[5] Phaal R, Farrukh C J, Probert D R.Technology roadmapping—a planning framework for evolution and revolution.Technological forecasting and social change, 2004, 71 (1–2): 5–26.

[6] Rogers J.Coaching Skills: A handbook.New York: McGraw–Hill Education, 2012.

[7] Stout–Rostron S.Business coaching international: Transforming individuals and organizations.Karnac Books, 2014.

[8] Strauss J D, Randnor M.Roadmapping for dynamic and uncertain environments. Research technology management, 2014, 47 (2) : 51–58.

[9] Thompson P J, Sanders S R.Peer–reviewed paper: Partnering continuum.Journal of Management in Engineering, 1998, 14 (5) : 73–78.

[10] Wilson C.Best practice in performance coaching: A handbook for leaders, coaches, HR professionals and organizations.Kogan Page Publishers, 2007.

# 技术路线图制定与中小型企业：文献综述

Norin Arshed[1], Jone Finch[2], Raluca Bunduchi[3]

(1, 2.University of Strathclyde Business School; 3.University of Aberdeen Business School)

**摘要**　本文对技术路线图（TRM）的现有文献进行了批判性回顾，并发现了研究空白，即中小企业。无论是作为其他公司的利益相关方还是作为焦点公司本身，文献中都少有在TRM过程中对其进行探讨。TRM文献侧重于探讨过程与机会，探索和交流技术资源、组织目标和市场产品不断变化的环境之间的动态联系。但是，学术文献中没有中小型企业的沟通渠道。TRM对中小型企业而言具有很高的价值，可以给产品和公司实力提供支持。此外，TRM还可以为发起人（通常是大型公司或中介组织）创造巨大价值。本篇文献综述旨在围绕过程中的根本性空白展开启发性讨论，这一过程通常不谈及中小企业，本文突出制定框架的重要性，以便了解如何让中小型企业参与TRM过程。同时，本篇文献综述提出将政府作为参与机制囊括进来。

**关键词**　技术路线图；中小型企业；开放创新；业务流程；协作；伙伴关系；政府干预

## 1　引言

摩托罗拉、朗讯科技、飞利浦、BP、三星、LG、罗克韦尔、罗氏及多米诺印刷，这几家企业将技术路线图作为自身创新工具包的关键组成部分，是运用技术路线图的少数领先企业。其强调技术路线图的作用，将其作为研发管理和研发策划的根本工具（Lee et al，2012）。

自20世纪90年代后期以来，研究者们将摩托罗拉作为技术路线图运用的领军企业，并就此展开研究（Goenaga et al，2009；Richey et al，2004；Major et al，1998；

作者简介：Norin Arshed，英国斯特拉斯克莱德大学商学院博士，邮箱：norin.arshed@strath.ac.uk；John Finch，英国斯特拉斯克莱德大学商学院教授，邮箱：john.finch@stratch.ac.uk；Raluca Bunduchi，英国阿伯丁大学商学院研究员，邮箱：r.bunduchi@abdn.ac.uk。

翻译：由雷。感谢作者的翻译授权。

Willyard et al，1987)。关于技术路线图的定义，人们引用最多是摩托罗拉前董事长罗伯特・加尔文（Robert Galvin）给出的版本：

“选定调查领域的前景展望，包括对引起该领域变革的最显著驱动因素的集体知识与想象。路线图沟通愿景、吸引企业和政府的资源、促进调查及监测进度是特定领域各种可能性的贮藏仓”。

“TRM”术语的定义和意义有很多，但是使用广泛且不够严谨（Loureiro et al，2010；Lee et al，2005)。例如，Kappel（2001）认为路线图流程是一项挑战性任务，涉及多种不同的文件。他将“路线图流程”和“路线图”区别开来。“路线图流程”包含不同目标，“路线图”是“路线图流程”产生的各种文件。Garcia 和 Bray（1997）认为 TRM 是一种活动，提供一种方式，用于开发、组织、展示关键要求和所需目标效果的信息。所需目标须按计划时间完成。Petrick 和 Echols（2004）将 TRM 作为一种工具，使组织能够更自觉地做出决策，从而避免浪费时间和资源，有助于降低与决策相关的风险。Phaal、Farrukh 和 Probert（2004）认为 TRM 是一种强大的技术，用于支持技术管理和规划，特别是用于探索和交流资源、组织目标和环境变化之间的动态交互。文献中经常引用和研究 TRM，将其作为研发和产品开发的“管理工具”，而这又涉及各种利益相关者之间的各种沟通过程（Yasunaga et al，2009)。文献中“TRM”的意义从流程到工具，不一而足。Phaal、Farrukh 与 Probert（2011）对这两种意义做出区分，他们认为：“流程是实现管理目标的途径，通过该途径将输入转化为输出。”相比之下，“工具促进技术的实际应用”，此处的技术定义为“完成某一部分程序的结构化方式”，程序定义为“操作过程的一系列步骤”（同上)。许多作者将 TRM 视为一种流程。例如，Kappel（2001）将路线图动态归为一种过程，包括：前瞻过程、规划过程、决策过程与设计过程。类似地，根据 Garcia 和 Bray（1997）的描述，技术路线图动态是一种流程，辅助实践者识别、选择、开发替代技术，以此满足一系列产品需求。相反地，技术路线图本身是技术路线图动态过程中产生的文件，确定关键系统要求、产品和过程绩效目标、技术替代方案及实现这些目标的里程碑节点（同上)。最近有观点认为，首先应将重点放在路线图动态过程上（邀请主要利益相关者和领域专家召开研讨会，捕获、分享、组织信息，通过某种方式突出与组织战略相关的问题)；其次再把重点放在路线图动态过程的产物——路线图上（这涉及实际的结果，通常以视觉效果呈现）(Kerr et al)。

一般而言，“可将‘路线图’视为一组技术的总称，该组技术支持相互依赖的结构化复杂过程，旨在为依赖开发和／或技术的组织提供支持，帮助制定战略和拟定规划”（Fleischer et al，2005)。

不论代理人是制造商还是组织，TRM 流程有助于其在未来状态的环境中描述目标和计划，以及如何在一段时间内实现目标（Albright，2003)。这需要在实现一系列战略目标的各替代方法进行中识别、评估和选择（Kostoff et al，2001）。从组织层面来讲，TRM 提供了图形化的方式探索沟通市场、产品和技术之间的关系。从制造商的层面来说，TRM 涉及多个代理商组成的组织联盟，因此，需要关注共同的需求。

理解技术路线图是一个过程，本篇文献综述的术语来自于 Loureiro 等（2010）给出的定义，即“技术路线图是一种灵活的方式，其主要目标在于随着时间的推移，能以综合的方式辅助市场发展、产品和技术的战略规划”（Albright et al，2003；Kappel，2001；Phaal et al，2001；Phaal et al，2004）。它能以更系统的方式进行研发活动，通过制定计划来明确需要开发的技术，通过预测未来趋势和确定企业当前技术水平与预期先进水平之间的差距来明确开发时间与方式（Lee et al，2007）。

TRM 代理人能有效处理关键研究，且能协同开发共同技术（Garcia et al，1997）。虽然 TRM 在企业、部门和政府层面已经成功应用，但是几乎没有任何研究报告分析它在中小型企业中的应用。在路线图流程中，中小型企业起到支持或者协作的作用，从而构建组织战略背景的共同视觉呈现。许多研究者关注描述功能部分，但少有注意中小型企业也可参与到过程中来（Lee et al，2012）。

介绍完 TRM 后，在第 2 部分本文将设置该过程适用的前后场景。第 3 部分展示学术文献中的 TRM 过程。第 4 部分突出以往各种研究指出的技术路线图的局限之处。第 5 部分关注 TRM 以及中小型企业应用中有关的缺失联系。第 6 部分强调在 TRM 和中小型企业方面政府应介入的范围。最后，第 7 部分总结全文，突出当前 TRM 研究中的关键缺陷。

## 2 场景设置：技术线图

自 20 世纪 90 年代以来，美国政府和组织开始采用 TRM 的方法研究工业部门的相关问题。近期，日本和加拿大也在仿效追赶。近些年来，欧洲在路线图动态活动方面也饶有兴趣（Laat et al，2003）。这些年来 TRM 的普及程度不断提升，特别是在 20 世纪 70 年代摩托罗拉使用 TRM 以后。摩托罗拉将 TRM 流程用于预测市场和技术的发展，以此解决消费者问题和提高生产力。TRM 可预测市场和技术变化，这意味着该流程开始更普遍地用于支持组织中的企业战略发展（Vatananan et al，2010）。通过提供将业务与技术直接联系的框架，TRM 已经成为个别公司、政府组织和财团在广大行业的战略发展中的重要部分（Lee et al，2007）。Albright（2003）介绍了路线图的常用框架。图 1 展示了路线图的 4 个层面：原因、内容、方式、待办事项，这 4 个方面有利于判定技术路线图中技术路径的关键决策点。

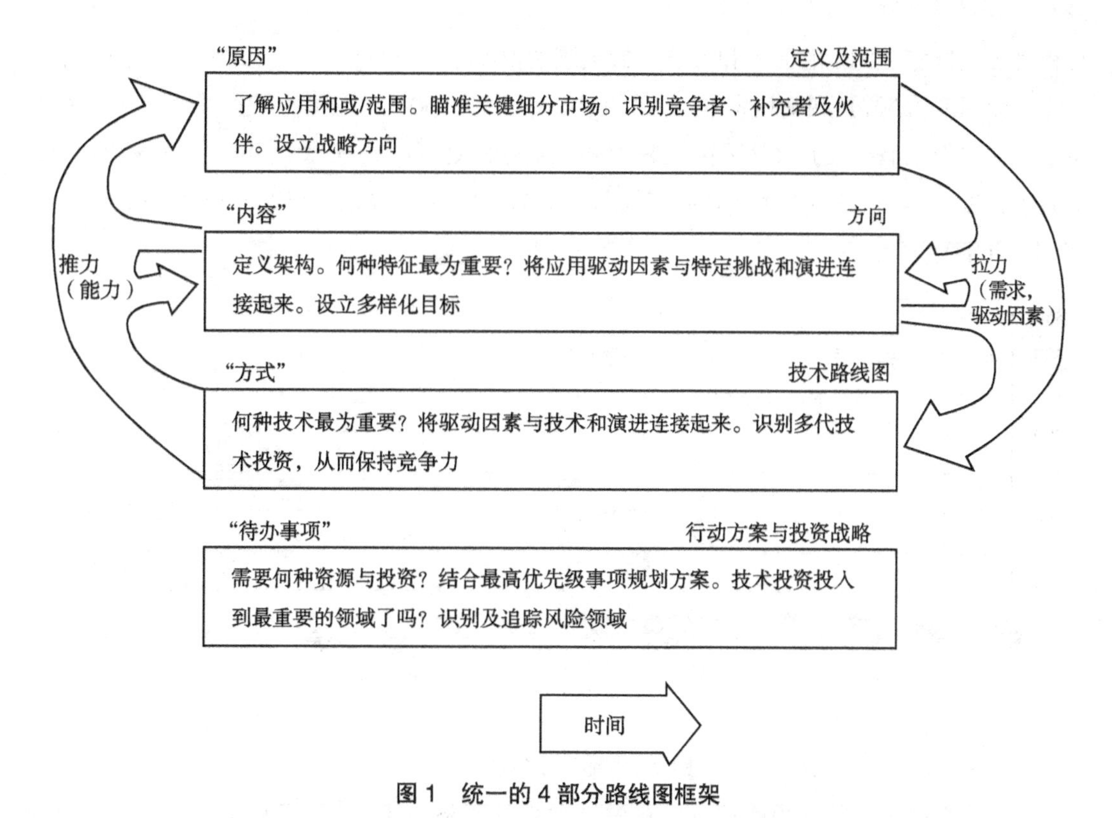


图 1 统一的 4 部分路线图框架

第一，路线图的“原因”定义了路线图的领域、团队目标及实现目标的策略；第二，“内容”定义了方向、挑战、架构、团队解决方案的评估及可量化的目标；第三，“方式”定义了用于执行架构每一部分的技术；第四，“待办事项”界定了行动计划和风险；第五，路线图的“时间”部分讨论了该过程的时间阶段。

Robert Phaal 是研究 TRM 的学者之一。他编制了大量公共领域的路线图，其中包括来自不同行业的 2000 多个路线图（图 2）。企业对使用 TRM 的兴趣浓厚，这让研究者、政策制定者将其作为技术管理和工业政策规划的工具。因此，TRM 可能成为未来技术规划的可靠程序，指导企业和运营层的战略制定（Choomon et al，2011）。图 2 确定了应用 TRM 的广阔工业范围，以及每一工业领域采用的 TRM 数量。

图 2 显示，TRM 已在工业领域广泛应用，软件、计算 ICT 行业占据的公共领域路线图数量最多，其次是科学界、政策部门、政府和社区部门。Phaal，Farrukh 与 Probert（2000）做出一项调查，估计 10% 的制造业企业（多数为大型企业）在一定程度上已经运用了 TRM，其中 80% 的企业使用次数还不止一次，而是在持续使用。但是，他们的研究也认为组织在大力应用路线图，且多数路线图具有特定形式，通常是根据公司的特定需求和业务内容专门制定。例如，诺基亚广泛使用路线图，根据结合自身特殊业务情况的路线图规划产品组合，以及在新兴市场找到自身的竞争地位（Vecchiato，2012）。文献在某

种程度上提供了 TRM 的流程和方法，如英国皇家邮政（Wells et al，2004)、飞利浦电子（Groenveld，2007）和朗讯科技（Albright et al，2003)。这些例子虽然对突出过程有重要意义，但对首次使用 TRM 的人来说并无实际好处（Lee et al，2007)。尽管在 TRM 上做了大量工作，但却少有阐明现有路线图的结构，Phaal 和 Muller (2009) 除外 (Kajikawa et al，2008)。

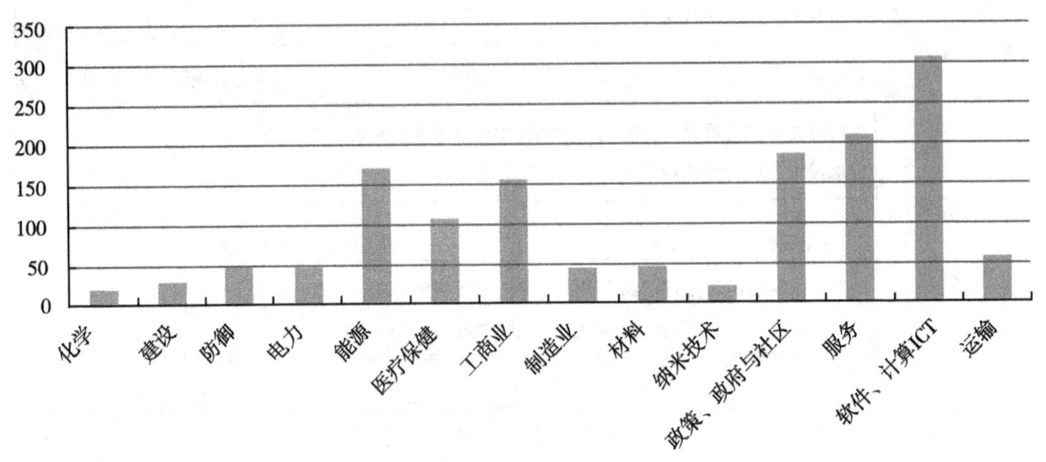


**图 2　各部门公共领域路线**

因此，TRM 文献分为两部分。首先，文献并不是在 TRM 中积极寻求涉及中小型企业的例子。因为案例研究是围绕着大型组织和政府机构展开的。其次，TRM 流程并没有明确解释或阐明如何与中小型企业沟通，从而在 TRM 流程的一开始就将其作为伙伴或协作方纳入进来。通常，中小型企业没意识到在此流程中自身有可能成为利益相关方，而且其也没有参与到流程中去的手段。

## 3　TRM 流程

开发技术路线图需要回答在任一战略情境下的根本性问题。第一，我们要达到什么地步、现在我们处于什么位置、我们实现目标的手段是什么。第二，行动的必要性是什么？我们可以做什么、如何去做、什么时候做（Galvin 1998；Phaal et al，2009)。在规划路线图过程的活动时，需要考虑 3 个关键方面的问题：背景（问题的实质）、架构（路线图的布局）及过程（阶段性活动）（Garcia et al，1997)。Garcia 和 Bray（1997）描述了 TRM 流程涉及的内容，并分为了 3 个步骤（图 3)。

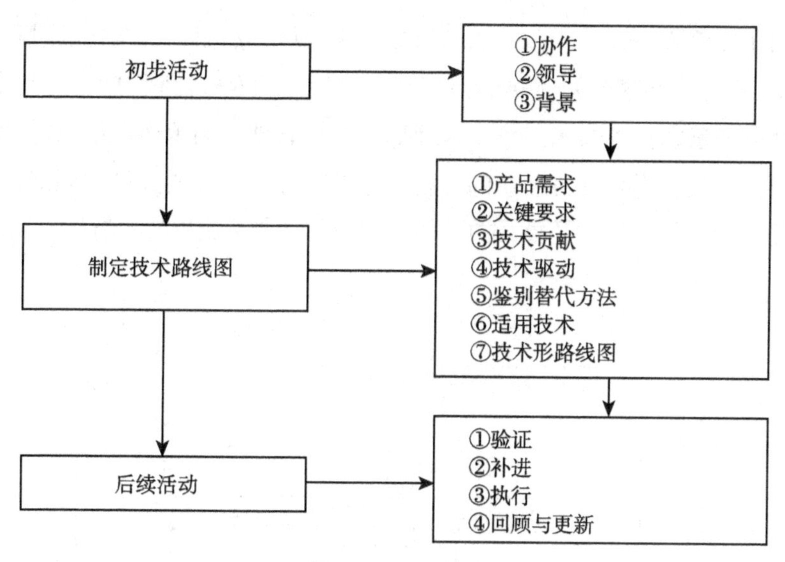


图 3　TRM 流程

第一，初步活动包括 3 个层面：过程一开始是相互协作达成一致观点，随后要依赖坚定的领导或赞助支持，然后再确立集合了目标、时间框架、范围和边界的路线图背景。第二，制定技术路线图包括 7 个步骤：①达成产品需求的一致见解，然后关注实现和保持补进；②以时间为目标定义关键系统要求；③规范能对关键体系做出贡献的主要技术领域；④产品或系统需求应转化为技术驱动因素；⑤鉴别技术替代方法（有可能回应技术驱动因素并达成目标）；⑥选择最适用的技术；⑦所有的步骤整合为包括图形线路图、当前地位、关键风险、障碍、缺陷和建议的报告。第三，也是最后一个步骤为后续活动，这包括验证、从更大群体的补进、执行落实以更好地进行技术选择、投资决策，以及多次审查和更新技术路线图。Groenveld（1997）还介绍了如何构建路线图过程（图 4）。

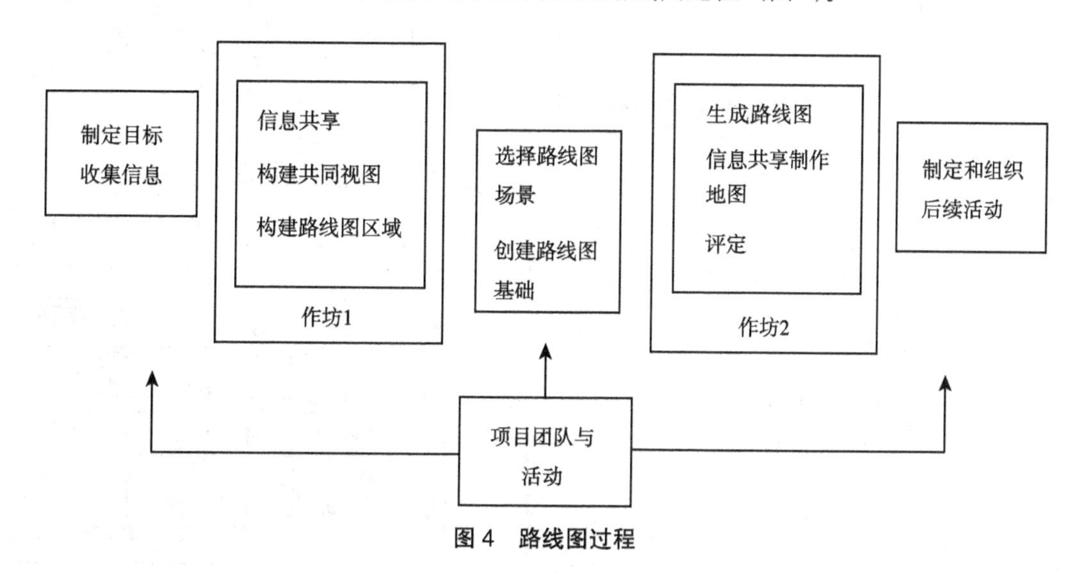


图 4　路线图过程

图 4 突出了在流程一开始明确一系列目标的重要性。然而，结构化的过程未能对信息共享做出详细，即与谁共享及如何共享。对于简明一致的 TRM 流程，应考虑几个成功方面：第一，必须建立明确的业务需求；第二，要确保高层管理者的承诺；第三，计划和定制个人的方法；第四，确立提前交付利益的过程；第五，确保正确的人员和职能；同时要力求简单，最后要更新迭代和学习经验。图 5 描述了通用 TRM 流程的示意图（Phaal et al，2004）。

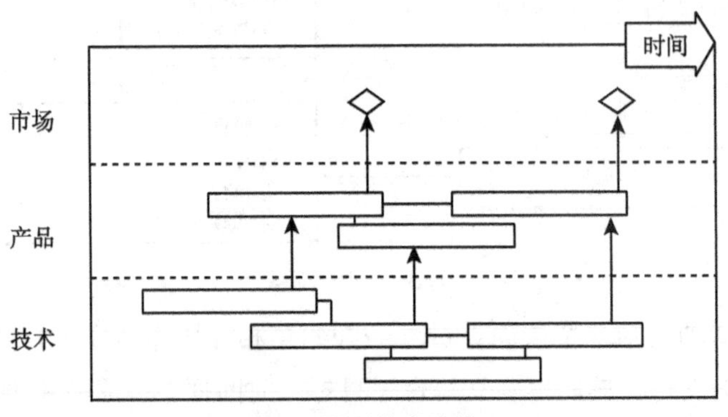


**图 5　图形技术路线**

另外，Probert & Radnor（2003）和 Phaal 等（2004）确定了 8 种不同类型的路线图。表 1 对路线图做出了阐述并解释其用途。

**表 1　路线图类型**

| 路线图类型 | 定义 | 视觉呈现 |
| --- | --- | --- |
| 产品规划 | 产品规划是最常见的路线图。它涉及将技术引入产品生产 | 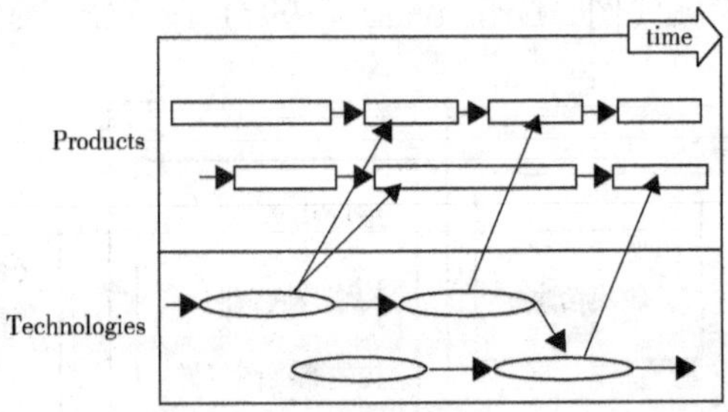 time<br>Products<br>Technologies |
| 服务 / 能力规划 | 基于服务的企业<br>技术如何支持组织的能力 | 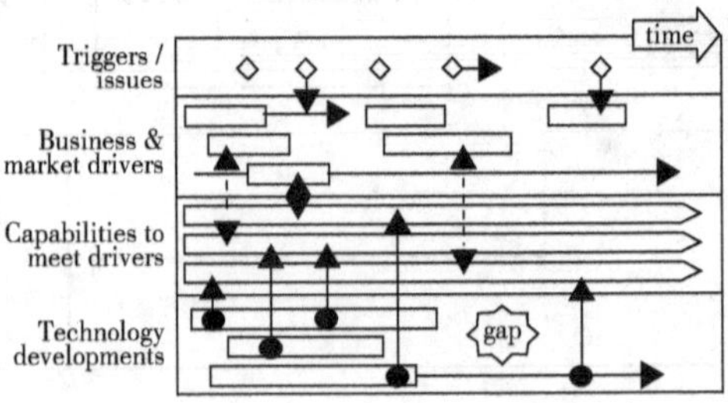 time<br>Triggers / issues<br>Business & market drivers<br>Capabilities to meet drivers<br>Technology developments<br>gap |

续表

| 路线图类型 | 定义 | 视觉呈现 |
|---|---|---|
| 战略规划 | 一般战略评估<br>侧重于在市场、业务、产品、技术、技能、文化等方面制定未来业务的愿景。发现缺陷 | 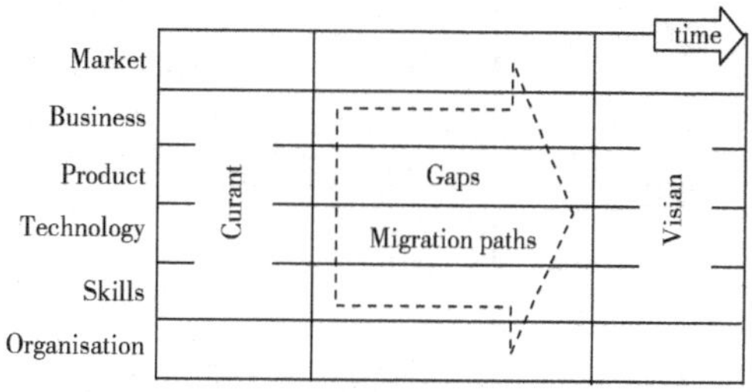 time<br>Market<br>Business<br>Product<br>Technology<br>Skills<br>Organisation<br>Curant<br>Gaps<br>Migration paths<br>Visian |
| 远程规划 | 在部门或国家水平执行（前瞻），并发挥雷达功能为组织探测潜在的破坏性技术和市场 | 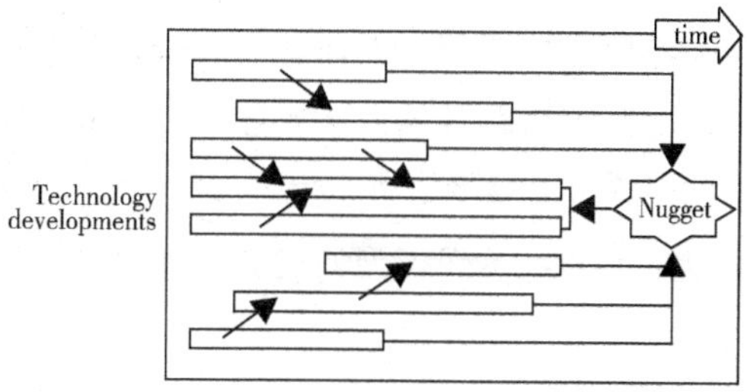 time<br>Technology developments<br>Nugget |
| 知识资产规划 | 将组织的关键知识资产形象化，将其与技能、技术和能力的联系形象化，从而满足未来的市场需求 | 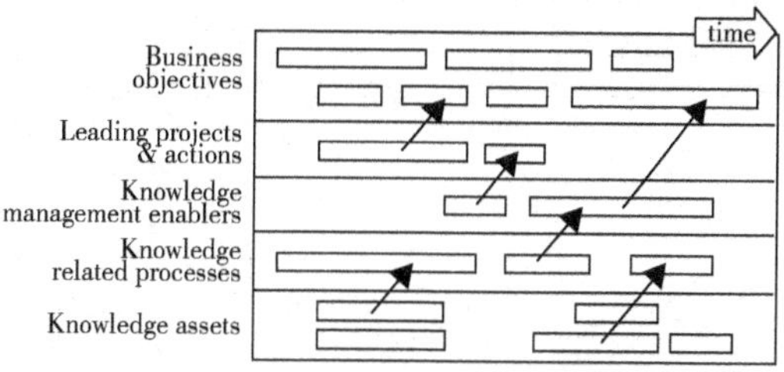 time<br>Business objectives<br>Leading projects & actions<br>Knowledge management enablers<br>Knowledge related processes<br>Knowledge assets |
| 方案规划 | 关注战略实施，并与项目规划更直接地联系 | 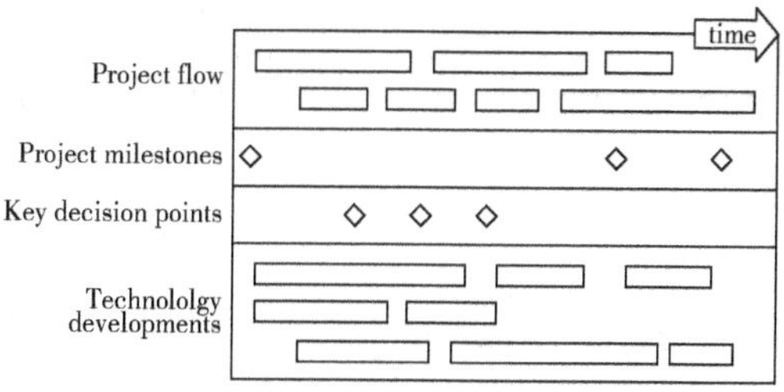 time<br>Project flow<br>Project milestones<br>Key decision points<br>Technololgy developments |
| 流程规划 | 本类型支持知识管理，专注特定的流程区域，如新产品开发 | 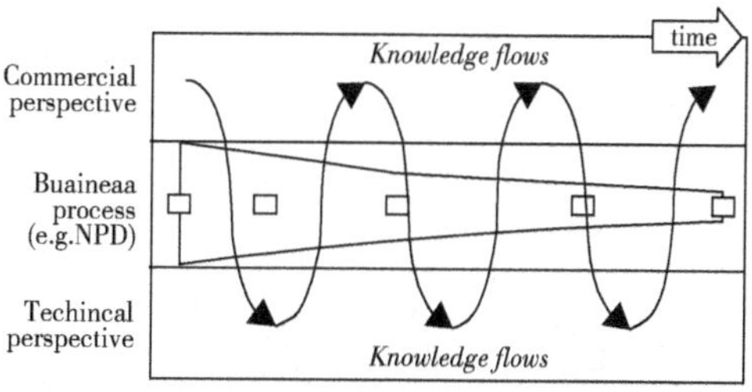 time<br>Knowledge flows<br>Commercial perspective<br>Buaineaa process (e.g.NPD)<br>Techincal perspective<br>Knowledge flows |

续表

| 路线图类型 | 定义 | 视觉呈现 |
|---|---|---|
| 集成规划 | 在产品和系统范围内集成和 / 或评估技术 | 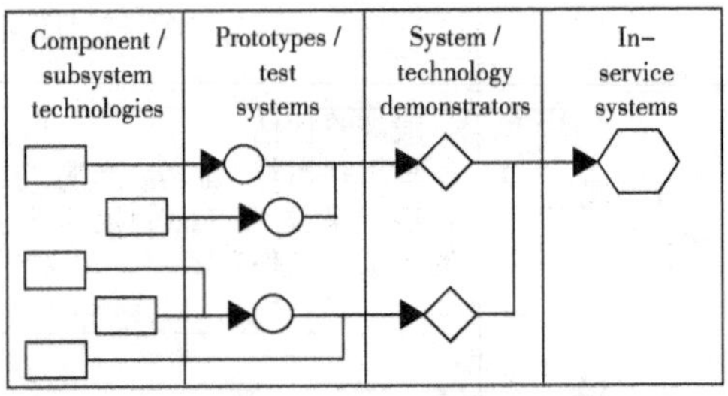 Component / subsystem technologies; Prototypes / test systems; System / technology demonstrators; In-service systems |

不论路线图类型如何，TRM 的主要目的都是帮助确定差距、排列问题优先序列、设定目标、制定行动计划并鼓励整个组织的沟通（Gindy et al，2006)。路线图独特的亮点在于通过简单的图表，把技术管理过程和业务需求直接联系起来（McCarthy，2003)。TRM 可以采用 8 种不同类型的形式（表 2)。

**表 2　路线图形式**

| 路线图格式 | 定义 | 视觉呈现 |
|---|---|---|
| 多层 | 本格式是最常用的类型，通常由多层组成，其中包括技术、产品与市场。各层彼此独立 | 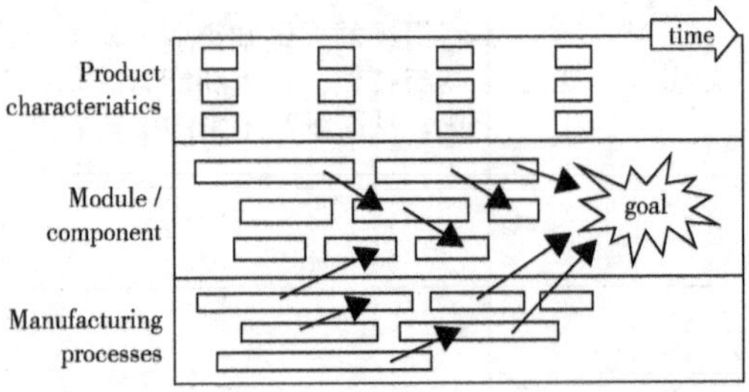 time; Product characteriatics; Module / component; Manufacturing processes; goal |
| 长条 | 本格式由长条表示，简化和统一所需的输出 | 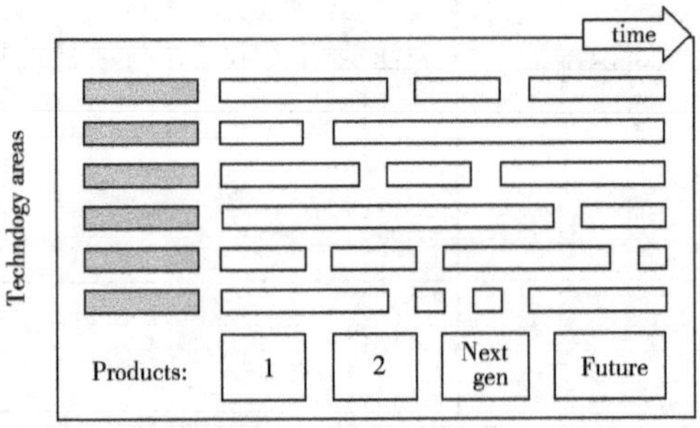 time; Techndogy areas; Products: 1, 2, Next gen, Future |
| 表格 | 本格式的路线图可量化，并以表格形式表达 | 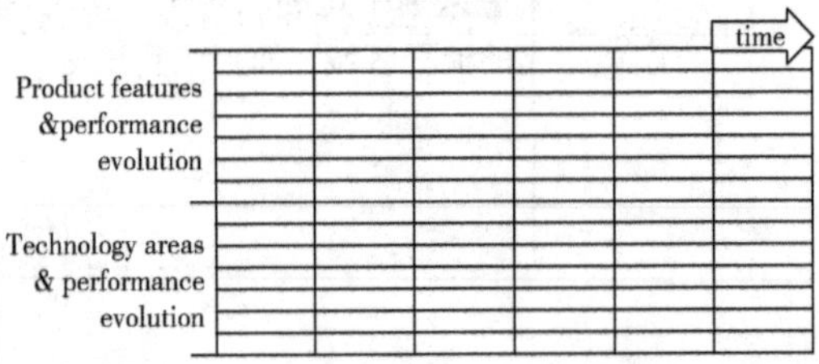 time; Product features &performance evolution; Technology areas & performance evolution |

续表

| 路线图格式 | 定义 | 视觉呈现 |
| --- | --- | --- |
| 图表 | 本格式是可以量化每个子层、产品或技术性能的图表 | 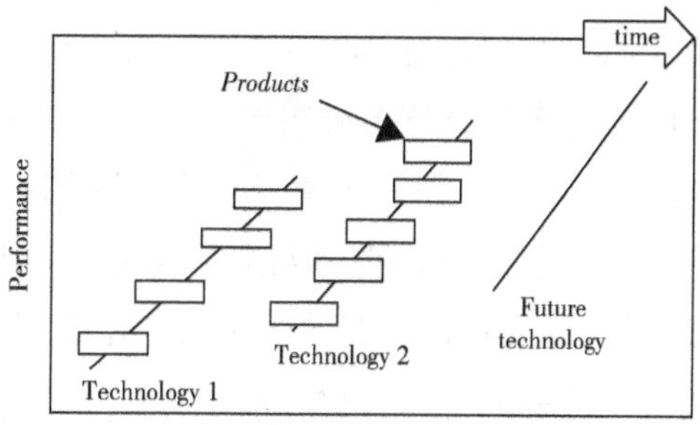 |
| 图像表征 | 本格式用图像表征来交流技术整合和规划 | 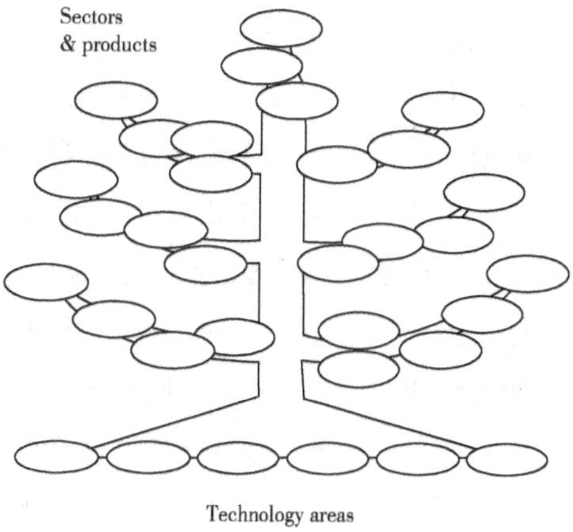 |
| 流程图 | 本格式通常用于将目标、行动和结果联系起来 | 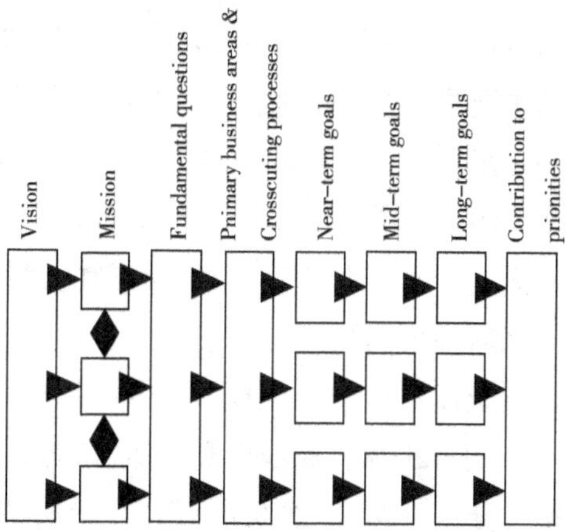 |
| 单层 | 单层是多层路线图的部分，是简单而不太复杂的路线图格式 | |
| 文本 | 本格式是描述过程和问题的书面报告 | |

Garcia 和 Bray（1997）已经强调过采用 TRM 流程有许多益处。第一，路线图有利于促成各方决策者达成共识，制定一致的科技需求。第二，路线图提供机制，帮助专家在特定部分预测科技发展。第三，路线图提出框架，在各级（组织或公司内、整个学科和国家或国际级别）帮助规划和协调科技发展。Kostoff 和 Schaller（2001）认为路线图从根本上将社会机制连接起来，并相应地促进了对公司科技发展项目的广泛认识，突出了交流作为过程关键因素的重要作用（Lee et al，2012)。Albright 和 Kappel（2003）认为，理想来说，沟通创造了与客户和供应商之间的对话。这里的重要问题是，虽然 TRM 也指公司需要有效沟通和管理信息，但要注意的是在组织内（如跨职能、跨地域）及整个供应链（如买卖关系、工业联盟）之间如何沟通交流，彼此聚到一起，塑造相同的 TRM 流程。

可以采取两种 TRM 方法：首先，采用“回溯”法（回顾性分析），需要分析达到既定目标（可能是企业目标、产品或流程，或履行立法要求或采用技术）的方式。其次，采用“前瞻”法（前瞻性分析），这需要密切关注未来技术和市场（Kostoff et al，2001)。这意味着需求拉动要从所需技术／系统／其他终端产品着手，并向后推进，确定终端产品所需的关键研究和开发工作。技术推动的起点在于当前资助的或拟资助的科技项目或计划，然后追踪发展前景，确定潜在影响（同上）。为发挥上述两种方法的所有潜力，据已有的研究结果显示，TRM 包括 6 个步骤：确定需求和驱动因素；识别满足这些需求和驱动因素的产品或服务；确定支持这些产品或服务所需的技术；建立前 3 个步骤之间的联系；制定收购或开发所需技术的计划；分配资源以完成这些技术的采购和开发计划（Daim et al，2008)。Rockwell 自动化的案例强调了以下步骤的好处，TRM“成为公司捕获知识和沟通的工具”（McMillan，2003)。路线图被视为变革者，TRM 成为管理思想文化变革的重要推动力，紧跟管理层收购问题，有利于公司填补核心竞争力的缺口。其他类似的成功应用案例可在制药生物技术行业找到，该行业成功的 TRM 可实现技术实施和业务需求之间的强大联系（McCarthy，2003)。

人们一直强调的是，对最有效的路线图过程和其他管理来说，决策支持需要完全整合到战略规划和组织的业务运营中去（Kostoff et al，2001；Phaal et al，2006)。据了解，路线图过程制定从技术前瞻、战略规划及其他长期未来活动的已有规则中借鉴颇多（Kappel，2001)。路线图有可能与其他的管理技术整合起来，例如，德尔菲法、组合法、平衡计分卡、SWOT 分析法、PEST 分析法、QFS、创新矩阵、技术情报技术、文献计量分析、引文网络分析、专利分析、产品开发等（Amer et al，2010)。这些方法有的与 TRM 紧密联系。例如，有人认为“情景规划可以增强路线图制定的灵活性和愿景，捕获并传达决策的完整背景，从而扩大预测变化可能性的范围”（Strauss et al，2004)。TRM 还与其他图形规划方法（如计划评估和审查技术）和 GANTT 图表密切相关。TRM 与组织能力和未来规划的其他战略方法协调一致。Talonen 和 Hakkarainen（2008）认为单靠战略是不够的，要整合、同步和开发，将业务和技术路线图与企业整体战略规划连接起来，要将战略落到实处。

迄今为止，虽然使用 TRM 的企业和学术机构数量有所增加，但发表的关于路线图的文章还属凤毛麟角（Amer et al，2010；Kostoff et al，2001）。因此，TRM 仍缺乏标准化方法，其实践由于个体企业和行业的背景不同而呈现出巨大差异。另外，为阐明和确定利益相关方的关键联系和联合点，TRM 过程中应对利益相关方予以重视，但这方面的工作仍然做得不够（Cetindamar et al，2010）。

# 4 TRM 的不足

TRM 并不是完美无缺的。TRM 的问题主要出现在 TRM 过程初始阶段的启动环节和完备过程的开发环节（Phaal et al，2001d）。有人认为没有什么实际的支持，企业通常要重新创造这些过程。路线图的形式各异且应用的业务背景各有不同，因此，人们致力于分享路线图经验（同上），且已做出了克服这些问题的努力。其中一个解决办法是 Phaal、Farrukh 和 Probert（2001c）提出的 T 型规划，即技术路线图的特点是“知识架构”（Yasunaga et al，2009）。T 型规划基于技术管理框架，目的在于建立技术推动和市场拉动之间的平衡 （Phaal et al，2004）。

评估已发布路线图还存在一个问题，读者无法确定它们的质量（Kostoff et al，2001）。技术路线图结果的质量依赖参与者的数量、多学科的背景、参与前景定义的专家实力及在技术路线图中愿景和解决方案的合法性水平（Cuel，2005）。TRM 往往具有很高的潜在价值，结构和概念都很简单，因此，在支持技术管理和规划中极具吸引力；TRM 的结果取决于战略和规划过程，需要大量的细节支持（Phaal et al，2004）。

Strauss 和 Radnor（2004）展开了大规模的研究，基于经验进行观察，强调了 TRM 还有一些局限性。第一，路线图过程通常是一次性活动，是为了对某次危机或某个企业需求做出反应，而并不是长期日常管理工作的组成部分。为发挥其效用，路线图应该整合到企业精神、组织结构及组织长期目标中去；第二，当政策突然变化，特别是在规划技术性能或是面对无法预料的挑战时，内部变化无法满足。技术路线图通常是线性的，且关注细节；第三，路线图缺乏对未来需求的明确假设，这可能会将关注点从客户需求转向技术的流畅度；第四，关于未来事态的知识和预测还存在缺口；第五，需要疏通讨论路线图发展的沟通渠道，否则在规定的时间内，在路线图过程中，市场、产品和技术之间会存在漏洞。

有人认为，获取路线图带来的真正商业利益，不需要彻底考虑“原则和实践在文献中的定义并不严谨，或者干脆不谈。什么是信息输入？过程是什么？有什么输出？最重要的是，路线图如何与其他研发和战略技术管理联系起来”（Talonen et al，2008）。作者强调有时有的文献误导了大家，这些文献常常将路线图过程看作管理者的一种手段，用来告诉人们，公司的发展方向。而实际上，路线图应该告诉大家“公司是如何实现这一目标的”。此外，如何让中小型企业参与到公司发展目标中去（不论这一目标是什么），文献也没有给出阐释。文献都集中讨论更大型的和成熟的公司，因此，在提升产品和技术性能时，路线图过程中没有将上述内容作为利益相关方。

## 5　缺失的联系：TRM 与中小型企业

TRM 流程可采用多种方法，介于两个极端之间：技术推力法，TRM 流程是分叉的，关注点在于寻求机会；市场拉力法，TRM 流程的关注点在于寻找客户定义的产品。已有的 TRM 文献聚焦于后者，对前者探讨甚少。根据 Caetano 与 Amaral（2011）的观点，研究 TRM 流程的方法是为了适应大公司的背景，这些大公司结合了研发和产品开发结构，即主要采用市场拉动策略和基于市场需求的封闭式创新技术。相反地，几乎没有人研究 TRM 流程的技术推动集成战略。技术推动集成战略聚焦于利用想法或技术机会，根据特定情况制定特定的 TRM 流程，并考虑代理人之间的伙伴关系。特别是，TRM 文献对伙伴关系的研究非常粗浅，仅是承认有这种关系存在（Gerdsri et al，2009；Phaal et al，2001c；Wells et al，2004），确定 TRM 伙伴，但却没有制定明确的“识别、选择、优化排序、将伙伴并入路线图，或在识别时考虑到不同类型合作伙伴的系统”（Caetano et al，2011）。

通常来讲，大型公司是 TRM 的目标对象，其往往拥有长期合同，并受长期规划驱动，因而更适合采用技术推动的 TRM 方法。中小型公司则不同，其需要市场驱动而非业务驱动的 TRM 流程（Gindy et al，2006）。基于这种背景，中小型公司可作为合作伙伴或供应方，大型企业开启 TRM 流程，二者可一起合作，共同制定路线图流程。但如何寻求、建立和利用这些关系，文献中还未能明确指出。在新产品开发过程中，要建立这些关系往往很容易（Handfield et al，2007），且关系的性质可随 TRM 流程发生改变。因此，了解 TRM 流程中消费者、制造商、供应商之间的关系性质至关重要。Dixon（2001）强调路线图过程促进问题方、方案提供方、客户与其他利益相关方共同参与，是一体化的过程（Lee et al，2012）。但没有任何研究明确指出中小型企业可以参与其中，成为路线图过程最终结果的视觉呈现的组成部分。

在极少数的情况下，中小型企业参与 TRM 流程，Holmes 和 Ferrill（2005）应用 TRM 来帮助新加坡中小企业识别和选择新兴技术。新加坡在中小企业制造业中引入 TRM，目的在于将这些公司的未来前景从传统的 4 ～ 6 个月提高到平均 3 ～ 5 年，让其能够思考和规划未来的发展。从中小企业的角度来看，TRM 是成功的，它们在这过程中颇为满意，特别是开发新产品或服务的初始阶段。然而，研究发现，在中小企业中，战略技术规划流程和传统业务战略重叠，因此在制定路线图流程时要采用集成的方法，这被称为运营和技术路线图。

笔者认为TRM的研究主要针对大公司，在联合过程中忽视中小企业，这暗示着针对中小企业的TRM要进行更多的研究（Gindy et al，2006）。中小型企业无论是作为大型组织的合作伙伴采用TRM流程还是作为采购者，TRM的现有文献都缺乏对它们的关注，其中一部分原因是中小型企业往往被排除在TRM流程之外。中小型企业被排除在外有许多原因。

首先，采用TRM方法的典型大型组织并不希望中小型企业或其他外部利益相关者参与到流程中来。这类大型组织拥有内部团队、部门和管理者来承担TRM流程的工作，并预测未来产品是什么样的，以及未来会在哪一市场获利。所以，他们觉得让中小型企业（可能无法合并或保证长期保持自身市场规模）参与进来几乎没有价值。思科的技术路线图就是这样一个例子。思科采用兼并和收购战略，关注内部合作伙伴，在互补领域提供必要能力予以支持，但这又太过复杂，无法完全由一家公司开发（Li，2009）。

其次，在Lichtenhaler对大型机械公司的研究案例中，许多员工相对来说不大愿意进行技术许可。这种不情不愿并没表现在路线图工具上，一般而言是表现在专有技术转让方面。"人们担忧将这一珠宝商业化，许多员工最想采用相对封闭的创新方法"（Lichtenthaler，2010）。于是，站在公司及其"珠宝"的角度，开放式创新可能不是最理想和最需要仔细考虑的。当发生知识不对称时，分享知识可能会鼓励机会主义行为；如果企业过早分享知识经验，可能会产生负面影响，或者产生的负面影响多于积极影响（Petrick et al，2004）。因此，外部技术开发具有相当大的风险，特别是可能会传播竞争优势从而提高竞争对手的实力（Lichtenthaler，2008）。此外，可能会意外地或战略性地泄漏竞争力优势，一些能力高超的公司可能败给能力较差的合作伙伴。与此同时，技术路线图只是一个过程，使企业做出持续性更久的新产品决策。考虑到这一点，路线图可以防止时间和资源浪费，减少风险和不确定性，从而提高有利于决策的准确性（同上）。迄今为止，益处远远超过路线图成本。

最后，在实际应用中，许多技术路线图包含的信息是作为战略用途，而非运营使用（Savioz et al，2002）。由于多数中小型企业重视运营，且多为短期，因此，这种战略方法往往没有用处。

为了解决中小型企业在参与TRM流程中遇到的问题，文献提出了一些解决方案。

①有的作者认为中小型企业可以使用替代性工具，而不一定是TRM，如机会景观；机会景观借助中小型企业的具体优势，将技术智能和战略规划结合起来（Savioz et al，2002）。在实践中，机会景观的建立和使用在很大程度上取决于开放的企业文化，及高层管理的严肃承诺。

②利用开放式创新，让中小型企业能获取市场信息和必要的技术，并使其与自身优势

技术结合，从而为客户创造价值。中小型企业应用开放式创新，首先需要技术推动环境。利用开放式创新的概念，可以考虑专门针对中小企业和技术推动环境的 TRM 方法。开放式创新有助于从开放创新范式中获益，有利于在其环境中积极建立关联，扩大中小企业的吸收能力，从而捕获、转化和利用创新所需的知识（Igartua et al，2010)。人们面临的挑战在于在开放式创新框架和 TRM 方法之间建立连接，在中小型企业的开放式创新环境中改革调适 TRM。

但是，实施开放式创新的实践难度很大。Minshall，Mortara，Valli 与 Probert（2010）展开一项研究，他们强调以技术为基础的初创公司和大型企业之间的伙伴关系并不“对称”，大型企业可以参与到开放式创新中去；研究暗示了在这些关系里中小型企业、大型组织与潜在投资者面临的挑战。中小型企业面临的挑战包括与正确的人员联系，大型公司对其提出的不切实际的需求，以及大型企业因管理层级多和官僚主义作风而运转缓慢，由此耽误其参与进程。大型企业与中小型企业合作面临的挑战是，大型企业不愿在没有法律手续（即签订保密协议）下透露技术的细节信息；向中小型企业，甚至是个人经营的初创企业（不愿失去治理权和自主权）介绍产品所耗费的时间和成本。作者建议，为了应对这些挑战，伙伴关系可以与 TRM 协调一致，突出缺失的联系，或者弥合大型组织和中小企业之间的差距。

③最后一条解决 TRM 中小型企业问题的方案是由 Yasunaga 等（2009）提出的。他们提出的是 IS- 计划（创新策略），即让具有独特能力和技术的中小型企业参与其运营市场。他们认为这样的企业往往会寻求新技术的应用。他们进行了一项实验，该实验包括如何指派一位具有经验和专门知识的“协调员”与一些对合作和联盟感兴趣的中小企业合作。在研讨和会议开始之前，他们交流公司信息，讲述业务前景和业务贡献，界定业务模型和架构，展开激烈的技术讨论，在白板上用便利贴注释，在讨论结束时拟出技术路线图和业务规划。然而，研究结果表明，还没有办法能看出该方法是否真正有利于业务创造，研究者认为还需更多的时间予以验证。

## 6 政府干预

博尔顿报告（1971）提高了对小企业重要性的认识，指出它们必须应对“不平等的竞争环境”（Greene et al，2008)。于是，政府推出大量政策，包括提供咨询意见、促进新公司的组建，并向中小型企业提供支持、帮助中小型企业存活和促进增长率的提高。Laat 和 McKibbin（2003）强调，日本的 TRM 实践主要针对（首要或次要）政府，帮助其增加在某一特定领域的研发资金。他们强调若政府较早地参与到 TRM，政府的贡献会大有裨益。政府可提供数据和分析，其他部门、代理人、半官方机构等方面可以参与进来并为政府提供支持。政府向企业介绍 TRM 的关注点和益处，帮助它们掌握必要的技能，让它们充当会议协调员或路线图管理者，让它们与影响和监测进展情况的其他政府部门或机构联络，并且传播成果知识（Kaplan，2001）。

政府已经对 TRM 展现出兴趣，它们有意于利用路线图促进竞争力产业发展，推动科技进步。此外，它们对促进新兴技术发展的兴趣不断提高（McDowall，2012）。TRM 工具已广泛用于有政府干预的产业发展研究和规划之中，如英国前瞻车辆技术路线图、加拿大工业发展路线等（Saritas et al，2004；Centre for Public Management，2003）。现在已有从工业到公共政策的明确转向；TRM 活动一直是为社会目标设定发展方向的过程的组成部分。政府在技术，特别是在能源政策和可持续能源方面，越来越多地使用 TRM 方法（McDowall，2012；Amer et al，2010；Foresight，2008）。政府的 TRM 活动和使用范围相对较小，但自 2003 年以来，日本经济部和贸易工业部都积极地参与到 TRM 过程中去（Yasunaga et al，2009）。

## 7 研究空白与结论

本文对 TRM 文献做出回顾，揭示了 TRM 流程对公司，特别是对大公司颇为有效。TRM 能够优化它们的投资决策和技术能力。同时，本文也指出了当前 TRM 研究中的不足之处。

第一，人们对 TRM 的内容仍然存疑。TRM 是流程、工具，还是技术规划的方法？尽管已有一些文献将 TRM 视为流程，用于支持技术和业务战略整合，但在具体实践中却仍与 TRM 的含义缺乏连贯性。为了在已有研究的基础上进行探讨，本文需要阐释 TRM 各方面的不同概念。

第二，尽管关于 TRM 是什么（或包含什么）的研究已有不少，但仍鲜有文献探究当前路线图的内容及公司制定与使用路线图的实践方法。为充分评估组织采用 TRM 的益处，我们需要超越流程本身进行探讨，评估如何建立伙伴关系、网络和合作，同时强调注重流程方面的沟通。

第三，已有的 TRM 研究倾向于迎合大型组织的需求，详细介绍采用技术推力的 TRM，但却不关注采用市场拉力的 TRM，而后者更加适应中小型企业的要求。这样一来，中小型企业无论是通过与开启 TRM 流程的大型企业展开合作的形式，还是通过自身开启 TRM 流程的形式，关于其参与到 TRM 流程中的研究都极为匮乏。尽管几乎没有文献开始研究将中小型企业纳入 TRM 流程的其他方式（如提出替代工具，引用开放式创新模式），但因为技术路线图已成为创新的基础设施，我们应投入更多的努力去探索将中小型企业纳入 TRM 流程是否合适，以及何时纳入比较恰当（Rinne，2004）。

## 参考文献

[1] Albright R E.Roadmapping convergence: Albright strategy group.2003.

[2] Albright R E, Kappel T A.Technology roadmapping: Roadmapping the corporation. Research Technology Management, 2003, 46 (2) : 31–40.

[3] Amer M, Daim T U.Application of technology roadmaps for renewable energy sector. Technological Forecasting & Social Change, 2010, 77 (8) : 1355–1370.

[4] Caetano M, Amaral D C.Roadmapping for technology push & partnership: A contribution for open innovation environments.Technovation, 2011, 31: 320–335.

[5] Centre for Public Management.Industry Canada Technology Roadmaps Progress Report & Contribution to Canada' s Innovation Strategy.2003.

[6] Cetindamar D, Phaal R, Probert D.Technology management–activities & tools. Basingstoke: Palgrave Macmillan, 2010.

[7] Choomon K, Leeprechanon N.A literature review on technology road–mapping: A case of power–line communication.African Journal of Business Management, 2011, 5 (14) : 5477–5488.

[8] Cuel R.Technology Roadmap: IST Programpf the European Community, 2005, 1 (4) .

[9] Daim T U, Oliver T.Implementing technology roadmap process in the energy services sector: A case study of a government agency.Technological Forecasting & Social Change, 2008, 75 (5) : 687–720.

[10] Dixon B.Guidance for environmental management science & technology roadmapping. Paper presented at the Waste Management Conference.2001.

[11] Fleischer T, Decker M.Fiedeler, U.Assessing emerging technologies: Methodological challenges and the case of nanotechnologies.Technological Forecasting & Social Change, 2005, 72 (9) : 1112–1121.

[12] Foresight.Powering Our Lives: Sustainable Energy Management & the Built Environment.

[13] Galvin R.Science roadmaps.Science, 2008, 280 (5365) : 803.

[14] Garcia M L, Bray O H.Fundamentals of Technology Roadmapping.1997.

[15] Gerdsri N, Vatananan R S, Dansamasatid S.Dealing with the dynamics of technology roadmapping implementation: A case study.Technological Forecasting & Social Change, 2009, 76 (1) : 50–60.

[16] Gindy N N Z, Cerit B, Hodgson A.Technology roadmapping for the next generation manufacturing enterprise.Journal of Manufacturing Technology Management, 2006, 14 (4) : 404–416.

[17] Goenaga J M, Phaal R.Roadmapping lessons from the basque country.Research Technology Management, 2009, 52 (4) : 9–12.

[18] Groenveld P.Roadmapping integrates business & technology.Research Technology Management, 2007, 50 (6) : 49–58.

[19] Greene F J, Mole K F, Storey D J.Three decades of enterprise culture.Great Britain: Palgrave MacMillan, 2008.

[20] Handfield R B, Lawson B.Integrating suppliers into new product development. Research Technology Management, 2008, 50 (2) : 44–51.

[21] Holmes C, Ferrill M.The application of operation & technology roadmapping to aid Singaporean SMEs identify & select emerging technologies.Technological Forecasting & Social Change, 2005, 72 (3) : 349–357.

[22] Igartua J I, Garrigós J A, Hervas–Oliver J.How innovation management techniques support an open innovation strategy.Research Technology Management, 2010, 53 (3) : 41–52.

[23] Kajikawa Y, Usui O, Hakata K, et al.Structure of knowledge in the science & technology roadmaps.Technological Forecasting & Social Change, 2008, 75 (1) : 1–11.

[24] Kaplan G.New roadmap flags electronics industry roadblocks.Research Technology Management, 2001, 44 (3) : 4–5.

[25] Kappel T A.Perspectives on roadmaps: How organizations talk about the future. Journal of Product Innovation Management, 2001, 18 (1) : 39–50.

[26] Kerr C, Phaal R, Probert D.Cogitate, articulate, communicate: the psychosocial reality of technology roadmapping & roadmaps.R&D Management, 2012, 42 (1): 1–13.

[27] Kostoff R N, Schaller R R.Science & technology roadmaps.IEEE Transactions of Engineering Management, 2001, 48 (2) : 132–143.

[28] Laat B D, McKibbin S.The effectiveness of technology Roadmapping: Building a strategic vision.Holl&: Dutch Ministry of Economic Affairs, 2003.

[29] Lee S, Park Y.Customization of technology roadmaps according to roadmapping purposes: Overall process & detailed modules.Technological Forecasting & Social Change, 2005, 72 (5) : 567–583.

[30] Lee S, Kang S, Park Y, et al.Technology roadmapping for R&D planning: The case of the Korean parts & materials industry.Technovation, 2007, 27 (8) : 433–445.

[31] Lee S, Yoon B, Lee C, et al.Business planning based on technological capabilities: Patent analysis for technology–driven roadmapping.Technological Forecasting & Social Change, 2009, 76 (6) : 769–786.

[32] Lee J H, Kim H, Phaal R.An analysis of factors improving technology roadmap credibility: A communications theory assessment of roadmapping processes.Technological Forecasting & Social Change, 2012, 79 (2) : 263–280.

[33] Li, Y.The technological roadmap of Cisco' s business ecosystem.Technovation, 2009, 29 (5) : 379–386.

[34] Lichtenthaler U.Integrated roadmaps for open innovation.Research Technology Management, 2008, 51 (3) : 45–49.

[35] Lichtenthaler U.Technology exploitation in the context of open innovation: Finding the right "job" for your technology.Technovation, 2010, 30 (7–8) : 429–435.

[36] Loureiro A M V, Borschiver S, Coutinho P L A.The technology roadmapping Method & its Usage in Chemistry.Journal of Technology Management & Innovation, 2010, 5 (3) : 181–191.

[37] Major J, Pellegrin J F, Pittler A W.Meeting the software challenge: Strategy for competitive success.Research Technology Management, 1998, 41 (1) : 48–56.

[38] McCarthy R C.Technology roadmapping: Linking technological change to business needs.Research Technology Management, 2003, 46 (2) : 47–52.

[39] McDowall W.Technology roadmaps for transition management: The case of hydrogen energy.Technological Forecasting & Social Change, Online.2012.

[40] McMillan A.Technology roadmapping: Roadmapping–agent of change.Research Technology Management, 2003, 46 (2) : 40–47.

[41] Minshall T, Mortara L, Valli R, et al.Making "asymmetric" partnerships work. Research Technology Management, 2010, 53 (3) : 53–63.

[42] Petrick I J, Echols A E.Technology roadmapping in review: A tool for making sustainable new product development decisions.Technological Forecasting & Social Change, 2004, 71 (1–2) : 81–100.

[43] Phaal R, Farrukh C, Probert D.Technology planning survey–results: Institute for Manufacturing.University of Cambridge, 2000a.

[44] Phaal R, Farrukh C, Probert D.Fast–start Technology Roadmapping.Paper presented at the Management of Technology: The key to prosperity in the Third Millennium: Proceedings of the 9 Th International Conference on Management of Technology (IAMOT) .2001a.

[45] Phaal R, Farrukh C, Probert D.A framework for supporting the management of technological innovation.Paper presented at the Eindhoven Centre for Innovation Studies (ECIS) conference The Future of Innovation Studies.2001c.

[46] Phaal R, Farrukh C, Probert D.T–plan: Fast start to technology roadmapping. Cambridge: Cambridge Unviersity.2001.

[47] Phaal R, Farrukh C, Probert D.Technology Roadmapping: linking technology resources to business objectives.Centre for Technology Management, 2001: 1–18.

[48] Phaal R, Farrukh C, Mitchell R, et al.Technology roadmapping: Starting–up roadmapping fast.Research Technology Management, 2003, 46 (2) : 52–58.

[49] Phaal R, Farrukh C, Probert D.Technology roadmapping: A planning framework for evolution & revolution.Technological Forecasting & Social Change, 2004, 71: 5–26.

[50] Phaal R, Farrukh C, Probert D.Technology management tools: Concept, development & application.Technovation, 2006, 26 (3) : 336–344.

[51] Phaal R, Muller G.An architectural framework for roadmapping: Towards visual strategy.Technological Forecasting & Social Change, 2009, 76 (1) : 39–49.

[52] Probert D, Radnor M.Technology roadmapping: Frontier experiences from industry–academia consortia.Research Technology Management, 2003, 46 (2) : 27–59.

[53] Probert D, Shehabuddeen N.Technology road mapping: The issues of managing technology change.International Journal of Technology Management, 1999, 17 (6) : 646–661.

[54] Richey J M, Grinnell M.Evolution of roadmapping at Motorola.Research Technology Management, 2004, 47 (2) : 37–41.

[55] Rinne M.Echnology roadmaps: Infrastructure for innovation.Technological Forecasting & Social Change, 2004, 71 (1–2) : 67–80.

[56] Robson P J A, Bennett R J.The use of & impact of business advice in Britian: An empirical assessment using logit & ordered logit models.Applied Economics, 2000, 32 (13) : 1675–1688.

[57] Saritas O, Oner M A.Systemic analysis of UK foresight results: Joint application of integrated management model & roadmapping.Technological Forecasting & Social Change, 2004, 71 (1–2) : 27–65.

[58] Savioz P, Blum M.Strategic forecast tool for SMEs: How the opportunity l&scape interacts with business strategy to anticipate technological trends.Technovation, 2002, 22 (2) : 91–100.

[59] Strauss J, Radnor M.Roadmapping for Dynamic & Uncertain Environments.Research Technology Management, 2004, 42 (2) : 51–58.

[60] Talonen T, Hakkarainen K.Strategies for driving R&D & technology development. Research Technology Management, 2008, 51 (5) : 54–60.

[61] Vatananan R S, Gerdsri N.The current state of technology roadmapping (TRM) research and practice.Technology Management for Global Economic Growth, 2012, 9 (4) : 1–10.

[62] Wells R, Phaal R, Farrukh C, et al.Technology roadmapping for a service organization. Research Technology Management, 2004, 47 (2) : 46–51.

[63] Willyard C H, McClees C W.Motorolas technology roadmap process.Research Technology Management, 1987, 30 (65) : 13–13.

[64] Vecchiato R.Environmental uncertainty, foresight & strategic decision making: An integrated study.Technological Forecasting & Social Change, 2012, 79: 436–447.

[65] Yasunaga Y, Watanabe M, Korenaga, M.Application of technology roadmaps to governmental innovation policy for promoting technology convergence.Technological Forecasting & Social Change, 2009, 76 (1) : 61–79.

# 国际产业技术路线图研究进展及启示

**摘　要**　通过分析 Web of Science 数据库中近 10 年有关产业技术路线图研究领域的文献数据，对研究文献的时间、国别、机构、发表期刊等问题等进行统计分析。借助 Cite Space 软件，对该领域主要关键词进行研究，并对相应研究主题的聚类进行可视化分析，展现相关研究进展，总结研究特点，并对我国相关研究实践提出建议。

## 1　引言

技术路线图是一种由需求驱动的技术规划过程，以帮助识别、选择和开发技术替代品，以满足一系列产品需求。技术路线图的本质是探索可能的未来情景，同时识别、量化和最小化未来视图的风险和不确定性。它凝聚了一群人对他们的未来和他们在未来希望实现的共同观点。

产业技术路线图是在行业层面制定的技术路线图。“一些公司将技术路线图作为其技术规划的一个方面（公司技术路线图）。然而，在产业层面，技术路线图涉及多种类别的公司，也涉及整个行业或某个联盟（产业技术路线图）。通过关注共同的需求，公司可以更有效地开展关键研究和协作开发共同技术。”也就是说，产业路线图通常是通过将来自整个行业、研究机构、协会等的公司聚集在一起，来设计该行业的发展路径、变化率、需求或限制等。产业路线图的一个主要目的是为关键未来技术领域和国家及商业研究基金会提高竞争力提供指导。

由于产业技术路线图的实践属性，相关产出主要为行业报告、咨询报告、内部文档等形式。但实践仍需要理论的指导，关于产业技术路线图的研究也十分重要。目前，对产业技术路线图研究领域整体概况的描述相对缺乏。为清晰展现近年来国际产业技术路线图研究的基本情况，笔者采用 Citespace 软件对其进行可视化分析，并结合已有研究成果，以定量和定性相结合的方法对相关研究的进展进行深入探讨。

# 2 研究方法

研究方法是揭示事物内在规律的工具和手段，是研究过程科学性、逻辑性和系统性的保障。本研究主要参照已有学者的相关研究方法，采用统计分析和知识图谱分析。统计分析采用的数据样本来自于 Web of Science，知识图谱分析使用 Citespace 软件，将 Web of Science 中的文献数据变换为可视化的空间结构和知识图谱。

检索词设置为“industry technology roadmap”，时间设定为 2007—2016 年。进行“题名”检索时，文献数量较少，仅有 22 篇。因此，将检索方式调整为“主题”检索。

# 3 研究文献的基本信息统计

## 3.1 年度数据分析

按照上述检索方试，Web of Science 收录了产业技术路线图相关的论文共有 535 篇。2007 年为 49 篇，2016 年则有 65 篇。总体看来，该主题研究一直处于相对平稳的态势，具体来说大致可以分为 3 个阶段。第 1 阶段是 2007—2010 年，Web of Science 共收录论文 197 篇，平均年发文量为 49 篇，处于稳定并稍有增长的状态；第 2 阶段是 2010—2011 年，处于研究的短暂调整期，发文数量略有回落；第 3 阶段是从 2012 年至今，Web of Science 共收录论文 296 篇，平均年发文量为 59 篇，即从调整期有所复苏，并继续稳步增长。从总体上来说，2007—2016 年期间，产业技术路线图的研究论文发文量总体呈现出稳定的趋势（图 1）。

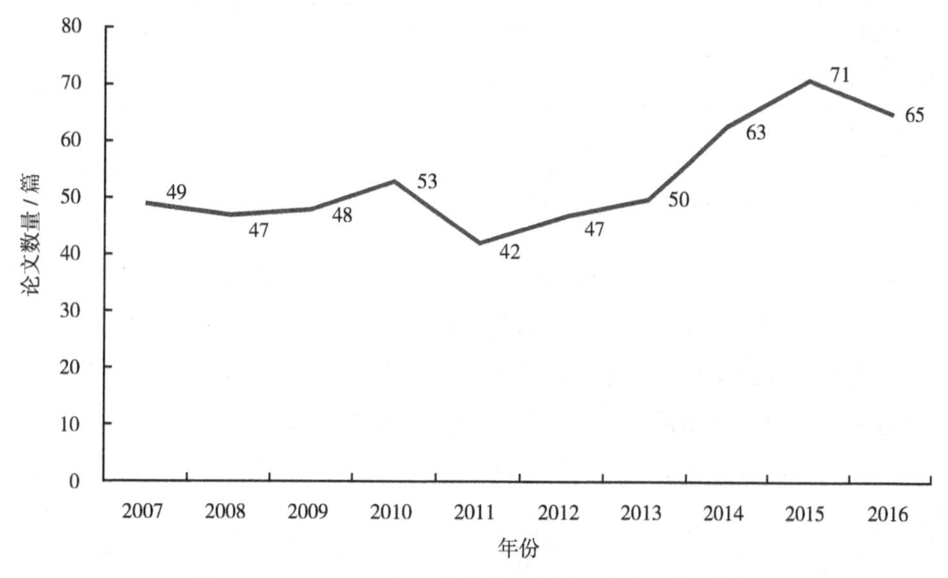


图 1 2007—2016 年产业技术路线图研究论文发文数量

## 3.2 国家 / 地区分析

根据 Web of Science 数据库检索结果，在全球范围内对产业技术路线图研究论文数量较多的前 10 位国家进行统计分析，并对这些国家的发文数量、总被引次数、平均被引次数、h- 指数等内容进行再分析。由表 1 可以看出，美国无论是发文数量还是被引次数等指标都表明其产业技术路线图相关研究处于绝对的优势。我国在发文数量上居于第 2 位，高于德国、英格兰、法国、韩国、日本等国，但与美国差距较大，无论发文的数量还是质量上均与美国仍有较大的差距。

从被引频次上看，我国相关文献总被引频次为 287，约为美国的 1/10、德国的 1/3；平均每篇文章被引频次为 3.88，约为美国的 1/6、德国的 1/5，在前 10 个国家中均处于最末端。

表 1 2007—2016 年产业技术路线图研究论文位居前 10 位的国家或地区

| 序号 | 国家 | 发文数量 | 发文占比 | 总被引 | 去除自引的被引频次 | 平均被引 | h- 指数 |
|---|---|---|---|---|---|---|---|
| 1 | USA（美国） | 166 | 31.0% | 2993 | 2980 | 18.03 | 24 |
| 2 | People' s Republic of China（中国） | 74 | 13.8% | 287 | 284 | 3.88 | 9 |
| 3 | Germany（德国） | 55 | 10.3% | 863 | 859 | 15.69 | 9 |
| 4 | England（英格兰） | 42 | 7.9% | 961 | 957 | 22.88 | 11 |
| 5 | France（法国） | 40 | 7.5% | 910 | 909 | 22.75 | 8 |
| 6 | South Korea（韩国） | 31 | 5.8% | 667 | 643 | 21.52 | 10 |
| 7 | Japan（日本） | 30 | 5.6% | 448 | 446 | 14.93 | 8 |
| 8 | Netherlands（荷兰） | 27 | 5.0% | 716 | 714 | 26.52 | 7 |
| 9 | Italy（意大利） | 19 | 3.6% | 706 | 704 | 37.16 | 7 |
| 10 | Canada（加拿大） | 18 | 3.4% | 555 | 555 | 30.83 | 5 |

如果进一步探究各个国家在产业技术路线图领域研究的质量，则可借助可视化软件 Citespace，通过计算中心度来考察国家相关研究的整体质量情况。中心度是与通过引文与这个国家直接联系的国家数目。如果某国家的度数很大，往往说明该国家处于中心的位置上，与其他很多国家产生关系，对于整个网络的影响力更大一些。因此，由图 2 可见，中心度排名前几位的国家，如美国、英国、德国、法国等对于国际产业技术路线图研究领域的影响力更大。

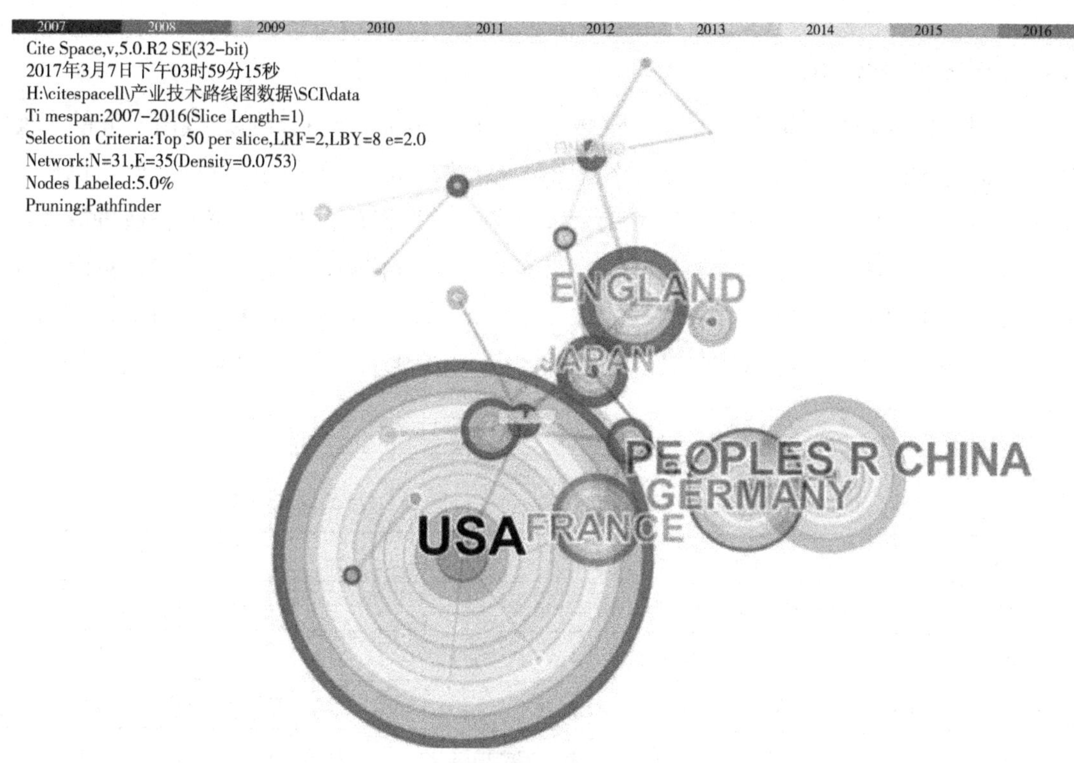


图 2　各国家相关研究的中心度

综合考察表 1 和表 2，可以看出我国产业技术路线图研究论文尽管数量占据了 13.8% 的比例，但是文章的质量仍有待进一步提升，相关引用还是以自引为主，并未受到其他国家相关研究机构和人员的重视，相关研究成果的影响力还存在较大差距。

表 2　国家和地区被引中心度排名

| Cited references 被引参考文献 | Frequency 发表数量 | Centrality 中心度 |
|---|---|---|
| USA（美国） | 166 | 0.45 |
| People’s Republic of China（中国） | 74 | 0.00 |
| Germany（德国） | 55 | 0.14 |
| England（英格兰） | 42 | 0.80 |
| France（法国） | 40 | 0.30 |
| South Korea（韩国） | 31 | 0.00 |
| Japan（日本） | 30 | 0.44 |
| Netherlands（荷兰） | 27 | 0.22 |
| Italy（意大利） | 19 | 0.22 |
| Canada（加拿大） | 18 | 0.00 |

## 3.3 主要研究机构

对国际主要研究机构进行分析，能够进一步有效地确定产业技术路线图研究的主要力量与研究方向。2007—2016年技术路线图研究论文位居前10位的国际主要研究机构，如表3所示。其中，香港理工大学发文量为17篇，占据榜首。美国研究机构数量最多，占据前10位中的40%，发文共计43篇，综合研究实力较强。总体来看，前10位研究机构主要来自美国（4所）、中国（2所）、法国（2所）、英国（1所）、韩国（1所）。而这些研究院所所隶属的不同国家研究质量也在一定程度上与上述对国家／地区的分析相吻合。

表3　2007—2016年产业技术路线图研究论文位居前10位的国际主要研究机构

| 序号 | 机构 | 发文量／篇 |
|---|---|---|
| 1 | Hongkong Polytechnic University 中国香港 | 17 |
| 2 | University Of California System 美国 | 14 |
| 3 | United States Department Of Energy（DOE）美国 | 11 |
| 4 | Centre National De La Recherche Scientifique（Cnrs）法国 | 10 |
| 5 | Oregon University System 美国 | 9 |
| 6 | Portland State University 美国 | 9 |
| 7 | Tsinghua University 中国 | 9 |
| 8 | University Of Cambridge 英国 | 9 |
| 9 | CEA 法国 | 8 |
| 10 | Seoul National University 韩国 | 8 |

## 3.4 主要期刊分布

从国际上来看，产业技术路线图研究的主要学科方向集中在Engineering（工程，252）、Business Economics（商业经济，89）、Materials Science（材料科学，75）、Computer Science（计算科学，69）、Energy Fuels（能源燃料，61）、Science Technology Other Topics（科技其他主题，54）、Public Administration（公共管理，28）、Operations Research Management Science（管理实践研究，28）等。

相关期刊也分布在这些学科的杂志中，如Proceedings of Spie（30）、Technological Forecasting and Social Change（20）、Portland Internatlonal Conference on Management of Engineering and Technology（18）、Textile Bioengineering and Informatics

Symposium Proceedings (15)、Renewable Sustainable Energy Reviews (9)、Aip Conference Proceenings (6)、Journal of Cleaner Production (5)、Procedia Cirp (5) 等。

# 4 主要研究热点探析

## 4.1 核心关键词网络

由于技术的不断发展与推进，技术路线图的研究热点也相应地发生着变化。由表 4 所示，2007—2016 年，技术路线图主要研究热点集中在产业创新、技术框架、基础科学研究、技术性能、颠覆性技术、可持续发展等领域和主题。关键词之间的关系结构如图 3 所示。

表 4 2007—2016 年技术路线图论文主要研究热点

| 序号 | 技术方向 | 出现频次 | 中心度 |
| --- | --- | --- | --- |
| 1 | Technology roadmap | 43 | 0.03 |
| 2 | Roadmap | 41 | 0.36 |
| 3 | Innovation | 35 | 0.40 |
| 4 | Industry | 32 | 0.29 |
| 5 | Technology | 32 | 0.24 |
| 6 | Framework | 30 | 0.05 |
| 7 | Science | 26 | 0.16 |
| 8 | System | 24 | 0.20 |
| 9 | Performance | 21 | 0.15 |
| 10 | Management | 21 | 0.16 |
| 11 | Research and Development | 15 | 0.20 |
| 12 | Strategy | 15 | 0.19 |
| 13 | Disruptive technology | 12 | 0.21 |
| 14 | Energy | 12 | 0.11 |
| 15 | Model | 12 | 0.10 |

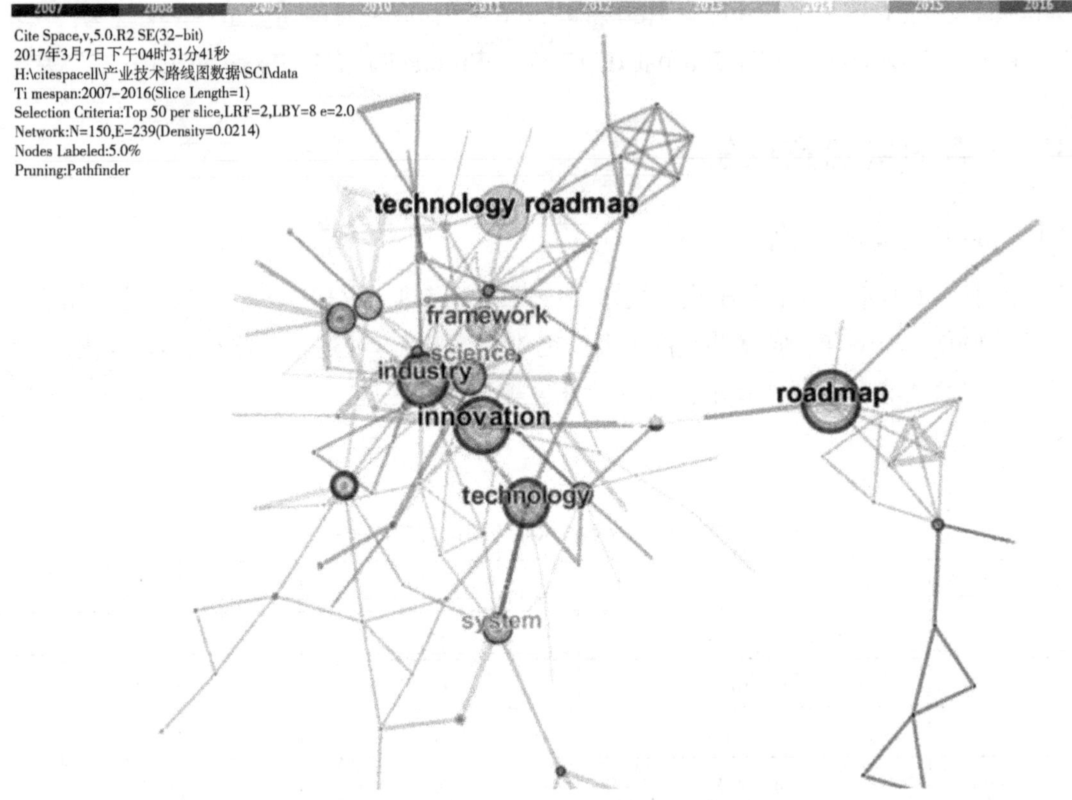


图 3　国际产业技术路线图关键词关联网络

## 4.2　研究文献热点聚类

为了从整体上更好地了解国际产业技术路线图研究热点区域，利用 Cite Space 对 120 个高频关键词汇进行聚类分析，共得到 20 个聚类类别。按照聚类规模大小排序，我们选出代表着国际产业技术路线图的 10 个研究热点（图 4）。

通过使用 LLR 算法对聚类进行命名，10 个类别分别为：

Cluster0，science（科学研究），包括 patent citation（专利引用）、patent analysis（专利分析）、bibliometrics（文献计量）、opportunity（机遇）、framework（框架）、text mining（文本挖掘）、emerging technology（新兴技术）等关键词。

Cluster1，models（模型），包括 simulation（模拟）、iter（迭代）、research and Development（研发）、impact（影响）、system dynamics（系统动力学）、supply chain management（供应链管理）、technology roadmap（技术路线图）、collaboration（协同）、sustainability（可持续能力）等关键词。

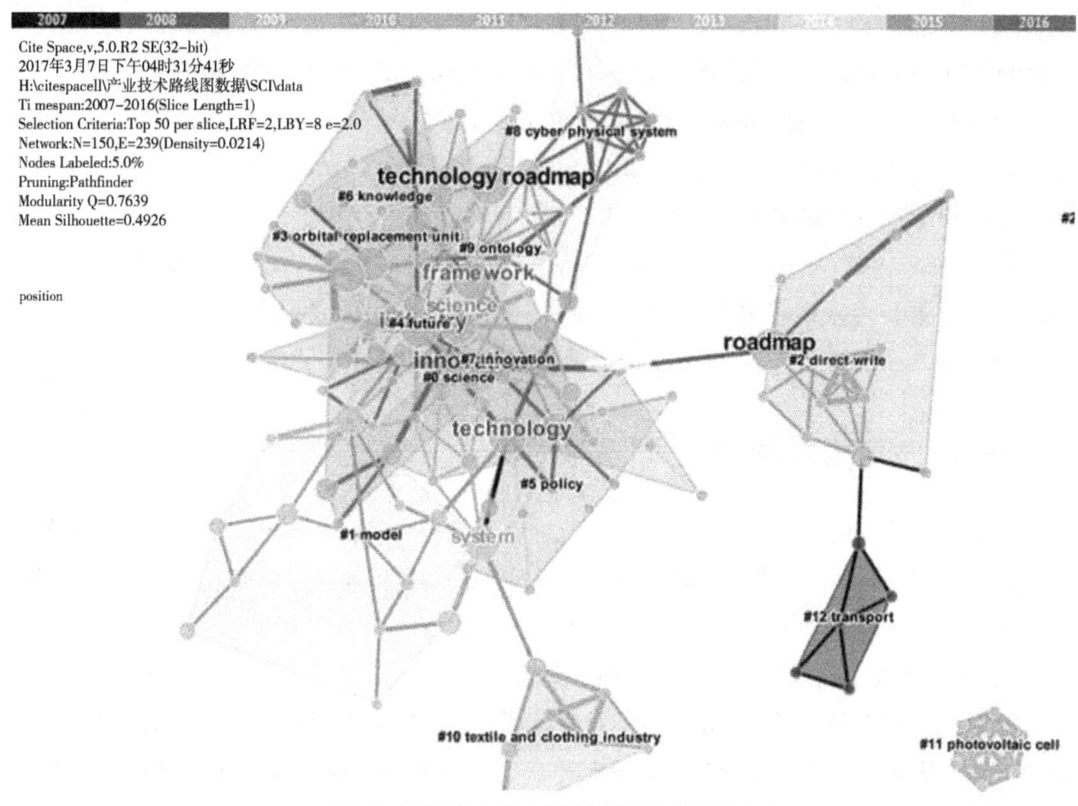


图 4　国际产业技术路线图研究热点聚类

Cluster2，direct write（直接绘制），包括 Asean Regional Forum（东盟地区论坛）、reactor design（反应堆设计）、calibration（校准）、electron beam（电子束）、fusion demo reactor（演示聚变反应堆）、miniaturization（微型化）等关键词。

Cluster3，orbital replacement unit（轨道替换单元），包括 information technology（信息技术）、on orbit servicing（在轨服务）、uncertainty（不确定性）、software development（软件开发）、environment（环境）等关键词。

Cluster4，future（未来），包括 foresight（预见）、trend（趋势）、technology forecasting（技术预测）、open innovation（开放式创新）、integration（融合）、perspective（远景）、industry r&d（产业研发）、technical change（技术性变革）等关键词。

Cluster5，policy（政策），包括 emerging technology（新兴技术）、strategy planning（战略规划）、industrial renewal（工业复兴）、creation（创造）、innovation system（创新系统）、business model（商业模型）等关键词。

Cluster6，knowledge（知识），包括 maturity（成熟）、capability（能力）、process（过程）、project（项目）、performance（性能）等关键词。

Cluster7，innovation（创新），包括 benchmarking（定标比超）、innovation（创新）、

big data（大数据）、value creation（价值创造）、disruptive technology（颠覆性技术）、competitive advantage（竞争优势）、product development（产品开发）等关键词。

Cluster8，cyber physical system（网络系统），包括industry 4.0（工业4.0）、supply chain（供应链）、smart factory（智慧工厂）、internet of thing（物联网）、network service（网络服务）等关键词。

Cluster9，photovoltaic cell（光电池），包括silicon solar cell（硅太阳能电池）、energy（能源）、power（电力）、solar cell（太阳能电池）、profitability（盈利能力）、manufacturing（制造）、cost（成本）等关键词。具体情况如图4所示。

## 5 国际产业技术路线图研究特点

由于产业技术路线图具有前瞻性、系统性、工具性等特征，国际上有关研究大都集中在管理、工程、经济、产业应用等层面，上述研究内容也证实了这一点，总的来看，国际产业技术路线图研究的主要特点包括如下方面。

（1）产业技术路线图得到理论界和实践界广泛认可

通过前述聚类研究可以看出，产业技术路线图的研究无论是科研人员还是实践应用人员都对其开展了较为深入的研究。Yeager等（1998）曾总结产业技术路线图的价值主要有：为合伙人创造更加宽泛的视野，面对未来产业创新的机遇，预想未来的未来识别知识、资源、时间和政策等限制创新潜能的障碍；为鼓励产业内部的研发力量的整合构建了平台；构建有共同目标的组织联盟和开发产生创新需求的新的合作计划等。这些总结较好地表明了产业技术路线图的价值，也说明了其得到学界和产业界认可的直接原因。

（2）产业技术路线图成为创新的重要工具

当今科技日新月异，创新已经成为行业、产业生存与发展的主流。同时与创新共同出现的是技术创新的风险。技术创新特别是重大技术创新的不可逆性使得各个国家和地区在产业发展路径和技术道路选择上表现得尤为谨慎。因为一旦技术创新失败，巨大的创新投入和高昂的技术转换成本可能使得企业倒闭、产业失去竞争力，甚至给国家带来巨大的损失。为了把技术投资的风险降到最低、加强技术管理、提升创新能力、建立创新联盟、平衡投资与影响决策，人们对更加科学、系统的绘制产业技术路线图寄予厚望，也使得其成为创新的重要工具。

（3）产业技术路线图与技术预测紧密相关

上述聚类中的Cluster4的命名就是future，包括foresight、trend、technology forecasting等一些与技术预测直接或间接相关的关键词。可见技术路线图与技术预测有密切的关系。由于具有探索未来机遇、确定科技创新活动投资的重点、调整科技创新体系和展示科技创新体系的活力等功能，技术预测是各国最常用的把握未来科技发展方向与重点的工具，已经成为遴选国家战略领域、优化配置资源、编制科技发展战略和规划，以及制定科技政策的重要基础性工作。我国有关机构在总结技术预测流程、环节时，也将路线图作为其重要的一环。

## 6 研究启示

产业技术路线图是技术路线图方法在实际产业发展中的运用，它通过时间序列方法系统地描述“技术－产品－产业”的发展过程，为产业未来市场发展机会指明方向。下一步继续加强产业技术路线图的有关研究实践是很有必要的。

（1）加强产业技术路线图的理论探索

目前来看，产业技术路线图由于其强烈的实践性质，大部分研究文献都是基于实践需要展开的，特别是科技管理和产业管理层面。少数理论研究大多基于文献计量、专利分析与引用等方法层面，而对基础支撑理论研究不足。在未来可以考虑将产业技术路线图与产业生命周期、技术生命周期、创新系统、绩效评价等理论结合起来，从产业技术路线图的制定需求、应用情景、价值评估及风险管理等方面进行深入研究，进一步夯实技术路线图的理论研究基础。

（2）强化产业技术分类体系研究

现代产业技术高度多样化，且涉及大量的学科和应用领域。在制定产业技术路线图的过程中，产业利益相关者面临着把有限的资源投入到未来所需的关键技术中的强烈需求，高度多样化的产业技术会给路线图绘制者造成很大困扰。因此，产业技术路线图的绘制应该首先对产业所有相关技术进行分类，构建技术树或其他技术体系结构，根据其目前或者未来对产业的影响程度，筛选出产业关键技术。

（3）丰富编制、管理产业技术路线图的科学方法

各个行业产业技术路线图的编制方法根据实际需要均有不同。与此同时，产业技术路线图的中、后期管理也有不足，存在编制完就束之高阁的情况，没有定期检验、回看的机制。因此，应在数据挖掘、专利分析、情景分析、数据包络分析、文件分析等传统方法的基础上，结合其他领域分析工具和方法，如 PDM、生命周期方法等，提高其制定效率并促进跨领域集成创新。此外，还应建立产业技术路线图信息数据库、评价指标体系等，完善管理机制，积累有效的工作方法及经验，切实提高产业技术路线图工作的效率和水平。

作者：韩秋明　中国科学技术发展战略研究院
南开大学经济与社会发展研究院
李振兴　中国科学技术发展战略研究院

# 欧洲自动驾驶智能系统路线图

**摘　要**　该路线图是通过调查咨询欧洲主要汽车制造商和供应商来构建的。从分析自动驾驶（AD）的目标和挑战、阐述技术发展开始，我们绘制了技术路线图，以提供有关技术研究创新（R&I）和框架条件的内容和时间量程的信息。此类路线图整合了高级自动化驾驶项目的重要发展。

路线图是由欧洲智能系统集成技术平台—EPoSS（European Technology Platform on Smart Systems Integration）成员组成的工作小组绘制的。经过利益相关者之间激烈、精简、有针对性的对话，得出了有关活动领域、时间框架和研发主题方面的讨论结果。在几次会面和研讨会上，很多主要行业和学术上的利益相关者进行了策略性探讨。因此，本文包含了一些项目和倡议名称，并提及了部分商标或制造商名称。

本文可帮助私有或公共领域内的利益相关方决定应采取何种行动及其原因，特别是欧盟委员会和各成员国当局。此外，本文还有助于智能系统领域扩大战略发展，例如，包括欧洲道路运输研究咨询委员会下设的欧洲汽车研究委员会、欧洲汽车供应商协会、智动论坛（iMobility Forum）和欧洲智能系统集成技术平台，欧洲领导电子元件系统联合技术倡议和欧洲绿色汽车倡议公私合作伙伴关系。

## 1　介绍

智能组件及其系统集成，欧洲高科技产业的传统优势均已发展成为创新产品和应用的关键使能技术（KET）(Eposs，2009)。多年来，汽车行业尤为如此，例如，驾驶员辅助系统在保证公路和乘客安全，提高能源效率和减少排放方面取得了突破。在这一趋势下，不久将会出现更高等级的车辆自动化（G.Meyer et al，2014)。长远来看，自动驾驶（AD）将会减少交通事故死亡人数，提高生产力和社会包容度，并帮助提高能源效率和保护环境。欧洲汽车制造商和供应商都已研发并推出了高级驾驶员辅助系统，所以自动驾驶有良好的知识基础。因此，自动驾驶也有利于实现提高欧洲产业世界市场竞争力的目标。此外，自动驾驶，尤其是高程度和完全自动驾驶，象征着物联网（IoT）在汽车行业中前景广阔（Worldforum，2014)。

因此，此路线图旨在分享欧洲工业的杰出努力，说明为了在自动驾驶上取得重要成果应采取的研究行动。社会和法律对未来建立自动驾驶的完整系统和应用有双重挑战，所以不容轻视，我们也探讨了其在世界范围内的发展。

此路线图的建议意在提升产业链价值，因此，对所有利益相关方所做出的贡献保持开放。

## 1.1 自动驾驶等级

作为深层分析的基础，自动化水平及其定义的标准是必须考虑的（图 1），因为当讨论自动驾驶时，这两者可能会使人困惑。汽车自动化等级定义有 3 个基本标准：第 1 个是控制功能，即系统的接管掌控能力，无论是横纵向控制还是两者同时。第 2 个与驾驶员相关，即驾驶员是否可以从驾驶上转移部分或全部注意力。第 3 个是汽车的驾驶情况及车辆是否能独立“理解”行驶中出现的情况。

根据汽车工程师协会的描述，全球道路车辆自动化分为 6 个等级（Ebner，2013；SAE International，2013）。在 0 ~ 2 级中，驾驶员依然是行驶过程的主要负责人。若出现意外，驾驶员可在一秒内做出反应，驾驶员只能专心驾驶，不可分心。欧洲汽车智能组件和系统供应商近些年发明完善了驾驶员辅助系统，横纵向控制可达 0 或 1 级，2 级的部分自动化系统现处于示范和早期市场阶段（G.Meyer et al，2014)。最先进的解决方案是驾驶员与辅助系统的结合，如自适应巡航控制系统（ACC）和道路偏离预警系统（LDW），现均已应用到高级汽车中。像 3 ~ 5 级的更高水平自动化可逐步实现车辆自主进行复杂驾驶及做出决策。在 3 级或者有条件自动驾驶中，车辆可感知周围环境。驾驶员反应时间增加到几秒，即必要时，车辆提示驾驶员进行干预。4 级和 5 级自动驾驶允许驾驶员反应更慢，因为此时车辆可在驾驶时独立决策。3 级自动驾驶可允许驾驶员在驾驶同时进行其他活动。4 级、5 级自动驾驶可独立完成驾驶，所以驾驶员甚至可在车上小憩。

但也有一些其他广泛应用的定义。美国国家公路安全管理局（NHTSA）将其划分为 5 个等级而非 6 个。只有驾驶员，没有任何辅助或自动系统为 0 级，完全自动驾驶为 4 级。换言之，汽车工程师协会定义的高程度自动驾驶和完全自动驾驶没有区别（图 1)。有条件自动驾驶和高程度自动驾驶时，驾驶员无须一直操控车辆，但必要时，一定时间缓冲后，车辆会要求驾驶员控制车辆。

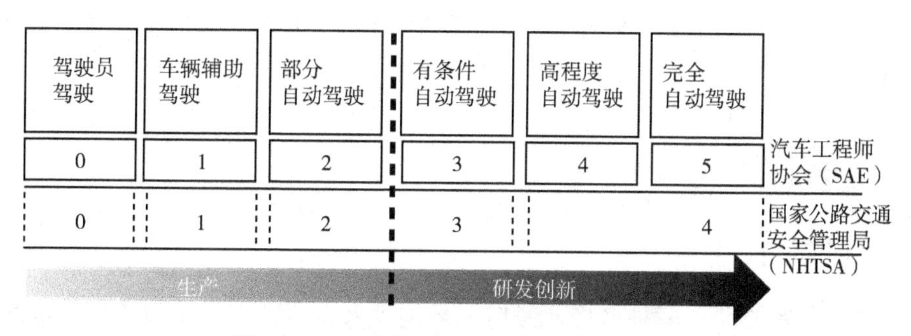


**图 1 汽车工程师协会定义的自动驾驶等级**

本文主要讨论3级及以上的汽车智能系统对车辆的控制，包括在紧急情况出现时的反应。

### 1.2 有关自动驾驶的预测

因为汽车行业和信息技术行业的几家大公司宣布其取得重大突破，自动驾驶近期十分吸引眼球。同时，一些发表的路线图和意见书也表明了其重要性。根据德国汽车工业协会，跟标准汽车相比，自动汽车最大优势在于可以提高安全性能，且可能解决交通堵塞（VDE，2013）。易诺华（eNOVA）电动战略委员会和欧洲汽车供应商协会（CLEPA）强调了关键使能技术研发的重要性，因为其可促进欧洲自动驾驶的革命性进步（CLEPA，2013；eNOVA，2014）。同时，车辆电气化也会留有空间与运输自动化相协调。

早在2012年，欧洲一级供应商就预测高程度自动驾驶会在2020年开始实现，完全自动驾驶在2025年时开始实现（Continental，2012）。部分自动驾驶自2016年就可实现在高速公路行驶时，以30 km/h的速度“停止和行进”。欧洲汽车供应商协会的智能运输系统（ITS）报告也有了相似预测，指出高程度自动驾驶将会在2020—2025年之间实现（G.Meyer et al，2014；CLEPA，2013）。德国汽车工业协会预测2级自动驾驶将在短期内投入使用，3级自动驾驶紧随其后。即使研究上已经取得巨大进展，且符合预测，但许多法律限制也需修改。同时，随自动驾驶而来的安全问题也是一个挑战，只能通过完善智能组件系统来提高环境监测能力、精确度和驾驶员辅助性能，才有可能较好应对。

智能运输系统被很多路线图看作是实现自动驾驶的一个重要因素。欧洲汽车供应商协会建议寻求协同系统和自动驾驶车辆技术的技术解决方法（CLEPA，2013）。2013年5月，智动论坛发表了“路面运输自动驾驶”的第一版路线图，强调要分析所有可能被应用的先进技术（iMobility Forum，2013）。其作者们在任意等级的自动驾驶上为未来技术的商业发展做出了贡献。

即使这样，就路面运输电气化来说，自动驾驶可被应用在像自行车、摩托车、轿车、卡车等所有交通工具中。现有路线图仅关注小客车自动驾驶。这会简化分析过程，为制定任务和时间量程提供建设性计划，并扩大活动范围至其他系统。向其他交通工具延伸，甚至将概念转移到制造业或农业等其他应用领域也是十分有益的。

## 2 目标与挑战

### 2.1 动力和目标

自动驾驶发展的动力多种多样，考虑了环境、人口、社会和经济等多方面因素。数据显示包括联合国家在内，68% 的欧洲人口为城市人口，6 个欧洲城市就有 300 万居民（iMobility Forum，2013)。世界卫生组织（WHO）预测，到 2030 年城市人口会占到全球总人口 1/3，这表明城市运输需要技术帮助。自动驾驶可大大提高交通流量，可减少堵车和交通事故。由此，也会大大减少耗油量，二氧化碳和其他有害气体排放（G.Meyer and S.Deix，2014)。同时消除人为驾驶错误，路面安全也会大大保障。这可增加胆怯和年老司机的灵活性，在驾驶上给予他们更多包容。在某种程度上，一定级别的自动化会根据顾客个人需求做出调整，可以说是“人性化”交通。这表示届时驾驶员无须一直专心驾驶，可休息或工作，如可使舟车劳顿的员工更加舒适。因此，从这个角度来说，自动驾驶也可提高生产力。

根据欧洲委员会交通运输白皮书（European Commission，2011)，新型运输工具应解决可信度、环境安全和价格问题来为输送乘客和货物提供可持续解决办法。这些办法最终会缓解世界范围内的要求和标准下的全球气候变化。同时，为改善路面交通和安全问题，欧洲委员会制定了宏大的目标：到 2020 年欧洲道路事故死亡人数减少一半（European Commission，2011)。仅 2012 年，欧洲路面事故就造成了 27 700 人死亡，313 000 人重伤。

## 2.2 挑战

此路线图主要目的是预测，指出智能系统技术未来持续发展应采取的行动和时间框架，并将以上内容与欧洲自动驾驶发展里程碑相联系。市场上任何交通工具都必须满足安全、功能性、高效性和稳健性的标准。舒适度、设计、质量和重量等指标会最终决定市场竞争力和价格。其中一些指标此智能系统路线图将不予讨论。

同时，为顺利发展自动驾驶，仅仅技术进步是不够的，我们必须找出所有可能的危机。为实现已定目标，我们必须明确并克服大量挑战。

### 2.2.1 数据安全

为保证社会接受自动驾驶，我们必须解决任何有关已有系统和解决方案的数据安全和可信度问题。我们要多层次保证数据安全。第一，若未来车辆与环境（其他车辆、道路基础设施、道路服务和道路平台）需要频繁交流，我们必须加工大量之后可被获得的数据，并予以存储。第二，若解决关于数据所有权、数据评估和诠释，以及数据滥用问题的速度跟不上技术发展，就会严重阻碍自动驾驶发展。2013 年美国国家公路交通安全管理局发布的“有关自动汽车政策的初步说明”指出，我们必须制定法规来规定哪类人员可接触车辆自身监管系统记录的数据。这表示在制定合理使用交通数据的有关法规之前，我们必须分析大量滥用数据的案例。

### 2.2.2 法律问题

完善和放弃现有法规来制定新法规对自动驾驶也是一个挑战。在欧盟和其他地区中，潜在法律障碍之一是1968年的维也纳公约。根据其第8条，“所有移动交通工具在所有情况下都必须有驾驶员”；第13条“每辆交通工具的驾驶员都必须完全控制车辆……”。运输乘客和货物时实现高程度自动驾驶在现实没有法律基础。只有辅助和部分自动驾驶符合维也纳公约（G.Meyer et al，2014；Ebner，2013）。而几乎所有欧盟国家都遵守维也纳公约。

由于自动驾驶技术快速发展，2014年7月，维也纳道路公约第8条已被修正（Reuters，2014）。新修正案中，驾驶员依然必须在场，且可在任何时间重新操控车辆，但只要系统“可以被驾驶员操纵或关闭”，就可以自动驾驶。即使这代表我们已经向自动驾驶迈出了一大步，但若在公路上应用自动驾驶，现在依然还有很多法规需要修正。例如，联合国欧洲经济委员会对转向系统的第79条规定中指出，只有低速行驶才可应用自动驾驶（UNECE，2014）。显然，若在城市和公路上应用高程度自动驾驶，此类限制法规应据现有技术进行修改。

其他国家，如美国的法规就比欧洲宽松很多，自动驾驶可以发展得更快。因此，为保持欧洲在汽车行业内的竞争力，法律问题必须解决。此外，制度法规对智能系统性能和质量要求影响很大。

### 2.2.3 责任和安全

3级及以上自动驾驶为驾驶员提供了更多舒适度和灵活度，例如，驾驶员可在行驶时打电话或发信息（Ebner，2013）。但这也关系到自动驾驶的责任问题，特别是发生事故时的责任问题。因此，对保险公司和所有路上的行人车辆来说，确定是由驾驶员、车辆所有者、车辆制造商还是车辆供应商来承担责任是至关重要的。若使用自动驾驶车辆，就需要平衡这3种潜在责任。虽然，这类问题也可通过分离受害者与责任方来解决，这样可保护受害者免于责罚，但会不利于后者，所以保险系统必须经过深刻分析来解决责任问题。

若人们认为短期内自动驾驶需要与包含自动和非自动汽车的复杂交通状况完美融合，那么解决上述问题会大大提高未来大众接受自动驾驶的程度。若人们认为中长期内，城市交通运输方式会十分多样，必须考虑到所有不同的交通工具、物流、公共服务及道路使用者，那么自动驾驶的责任问题和所有道路使用者的道路安全责任问题就不仅是法律能解决的了。所以，自动驾驶主要面临3个方面的挑战。第一，自动汽车与没有任何现代科技的车辆之间的通信是件难事。第二，照顾到日常交通中弱势的行人和车辆也是困难的，因为车辆设备很难发现并处理一些角落里的突发情况。第三，在多方式交通中，自动驾驶的第

3个挑战是区域依赖性，若我们拿荷兰骑自行车的人来举例，很显然自动驾驶甚至需要规避一些区域性要求。在欧洲市场之外世界上其他地区更复杂的交通要求下，该问题解决方案十分多变，如增加传感器的性能要求。

### 2.2.4 反弹效应

提高能效也是自动驾驶发展最主要的动力之一。即使能源效率被认为可以大大减少耗油量，但其也有可能会有反弹效应（K.Gillingham et al，2014)。这意味着能效提高并不会像预计中一样降低耗油量，也许还会因为改进后更远、更快的驾车习惯和更频繁驾车而增加耗油量。

### 2.2.5 经济要素

价格对顾客和汽车制造商同等重要。除之前提到过的自动汽车须符合的技术标准之外，价格也必须合理。在价格合理基础上保证高质量对在国际市场中处于领先地位十分重要，也是欧洲原始设备制造商（OEMs）的主要目标之一。独特卖点（USP）也是赢取经济竞争力的方法，例如，一项商品具有其他厂商无法超越的独特功能和品质。根据欧盟赞助的智能汽车EV-VC项目，高等级自动驾驶可算是欧洲电动车的独特卖点（Smartev，2014)。

作为交通工具未来发展方向，自动驾驶的发展将建立在雷达、激光雷达、传感器和摄像头等现有技术辅助系统上。鉴于现在欧盟原始设备制造商和一级供应商在国外研究中心正在进行大量测试，我们必须确保完全利用好欧洲汽车产业知识产权来提升经济水平。因此，知识产权保护是该领域内的工作重心之一，这也与欧洲委员会一项政策不谋而合，该政策是为了支持有利于创新和投资的市场发展而制定的。

### 2.2.6 测试问题

自动汽车是复杂的体系，因此，测试也十分复杂。若我们考虑到自动汽车的大量传感器与基础设施通信、其他交通工具（不一定具备自动驾驶功能）相作用，并利用算法评估已获得的数据，那么车辆设计师就要把无数变量结合起来。此外，温度、人类个体差异等其他环境因素也需考虑在内，自动驾驶必须要安全（且有保障）。

### 2.2.7 伦理道德

伦理道德也是在自动驾驶中常被提及的重要问题之一。根据古道尔的研究，即使与大部分源于人类失误的事故相比，自动汽车更加安全，但也不排除自动汽车发生事故的可能性。这对未来技术提出了更高要求，因为路面上可能发生的交通事故有数百种。所以，我们猜测车辆会选择一条损害最小或最不可能发生碰撞的路。那么伦理问题就出现了：事故中的死亡由谁决定？撞到一个小孩或一个提购物袋的老太太，还是驾驶员为了把伤亡人数降到最低而选择自杀，这都是影响大众接受自动驾驶的一些问题。因此，为使此类问题得以优化，还需要更多的调查研究（Goodall，2014）。

如前文所说，道德伦理在数据安全中十分重要，数据隐私也涉及更多的道德问题。正如预期中的那样，自动汽车会连接整个交通基础设施，接收和发送大量数据。何种数据会被何种基础设施收集、所有权、分享、目的、数据储存期限，以及最后监管机构如何解决都是我们需要慎重考虑的道德问题，也需将其纳入早期技术发展规划。

# 3 技术发展水平

此路线图的分析源于自动驾驶技术发展水平。

## 3.1 研究创新项目

欧洲委员会和欧盟成员国公共权威部门早已资助了很多可为欧洲自动驾驶长远发展打下坚实基础的创新研究项目。

①最早支持创立提高欧洲道路安全系数概念和解决方案的研究行动之一是尤里卡计划（EUREKA program）中的普罗米修斯项目（PROMETHEUS-Project）。公共部门和企业合作共同资助了该项目，并在1987—1995年的8年中花费大约7.5亿欧元（EU，1996）。该计划的参与者为来自11个欧洲国家的公司、大学和研究机构。该研究项目极大地推动了雷达科技的发展。国家基金机构随后也资助了尤里卡计划。

②欧洲委员会在2004年2月—2008年1月资助了综合项目（IP）“普乐德”计划（PReVENT）。共有超过50个来自汽车行业的成员参与了该计划，带动了针对发展、测试和扩大高级驾驶员辅助系统（ADAS）的研究（COE，2005）。通过结合传感器信息和通讯与定位服务，该项目大大提高了整体驾驶安全。

③“海威特”(HAVEit）是欧盟的一项2008—2011年的计划，共有2800万欧元的预算（EU，2009）。该项目由大陆汽车（Continental Automotive）领导，共有来自欧洲汽车行业和大学的17个研究人员。“海威特”计划旨在提高驾驶安全、繁荣国际市场中的欧洲汽车产业。该项目研发应用了几种自动化模式，如车道稳定系统和紧急刹车辅助系统。

④欧盟在2009—2012年之间资助了“萨特”项目（SARTRE Project）（EU，2010）。共有7家欧洲公司参与该项目，旨在鼓励在个人运输中使用车队。现实中车队的应用是在西班牙巴萨罗那附近的一条公共高速公路上进行高速测试的。值得注意的是，“萨特”项目是有先例的，如“私人司机”（Chauffeur）项目和“佩特”(PEIT）项目，两者均为智能汽车系统，均由公司和科研机构推进实施。“伙伴”项目（Companion）在2016年之

前是作为“萨特”的后续项目由欧洲委员会资助的，旨在找出车队在日常运输中的实际用途，尤其针对重型车辆。

⑤欧洲委员会在2010—2013年资助了“互动”项目（interactIVe）（COE，2010）。来自10个国家的29家公司一同致力于减少欧洲的交通事故，并发展了高级辅助系统，以实现更安全更高效的驾驶。

⑥欧洲的“适应”项目（AdaptIVe）由29名成员组成，研究了自动驾驶的特点（EU，2015）。该项目起始于2014年，旨在在42个月内研制更安全更高效的自动驾驶系统。

⑦将无人驾驶智能汽车（5级）和城市环境结合起来的项目是“城市交通2”（City Mobil 2）（EU，2015）。作为“城市交通”的后续项目，该项目在安全环境中针对自动交通试验了智能运输系统（ITS）。试验用车的基础是法国计算机科学与自动化研究所定义并提倡的“网路汽车”（CyberCars）概念。“城市交通2”中最早的实际测试之一是在意大利奥里斯塔诺的撒丁岛进行的。两辆没有人为操控的电动车在奥里斯塔诺的海滩和酒店之间的环线上运载乘客。没有其他车辆会进入这条独立的道路，除了一些影响自动汽车流畅行驶的因素外，其自下而上的安全系数与铁轨相似。然而这并不是唯一一个在意大利测试的自动汽车实例。另一个项目计划在2015年米兰世博会上进行，第三个项目计划在卡拉布里亚推出。在“城市交通2”框架下自动驾驶的测试还将会在欧洲其他9个地方进行：欧洲核子研究中心（CERN）和洛桑（瑞士），列昂和圣塞巴斯蒂安（西班牙），万塔（芬兰），布鲁塞尔（比利时），特里卡拉（希腊），拉罗谢尔和索菲亚安替城（法国）。

这些仅是欧洲委员会资助的部分主要项目。近十年内所有类似的项目已列在图2中。主要有以下4个类别：a. 联网与挑战；b. 连接与通信；c. 驾驶员辅助系统；d. 机器人车。但其实很难将所有项目严格按照类别划分。关于项目更加详细的描述在此文件的附件中，包括项目时长和具体研发领域。

## 3.2 市场发展

由于这些综合项目，驾驶员辅助系统在近些年大幅发展。像适应性巡航系统（ACC）和车道偏离预警系统（LDW）这样的高级驾驶员辅助系统（ADAS）已经很常见了。在适应性巡航系统中，驾驶员制定好速度和距离之后，车辆可以自行维持。车道偏离预警系统在车辆靠近车道边缘时会向驾驶员发出警告。车道稳定系统（LKA）可使车辆一直稳定在车道中。

根据市场成熟度和自动化等级，图3列举了许多自动驾驶智能系统和元件。有条件自动驾驶（3级）结合了ACC和LKA与环境感知（以“X”表示），就不再需要驾驶员，但未进入市场。然而一些车辆制造商已推出了需要驾驶员的2级自动驾驶。

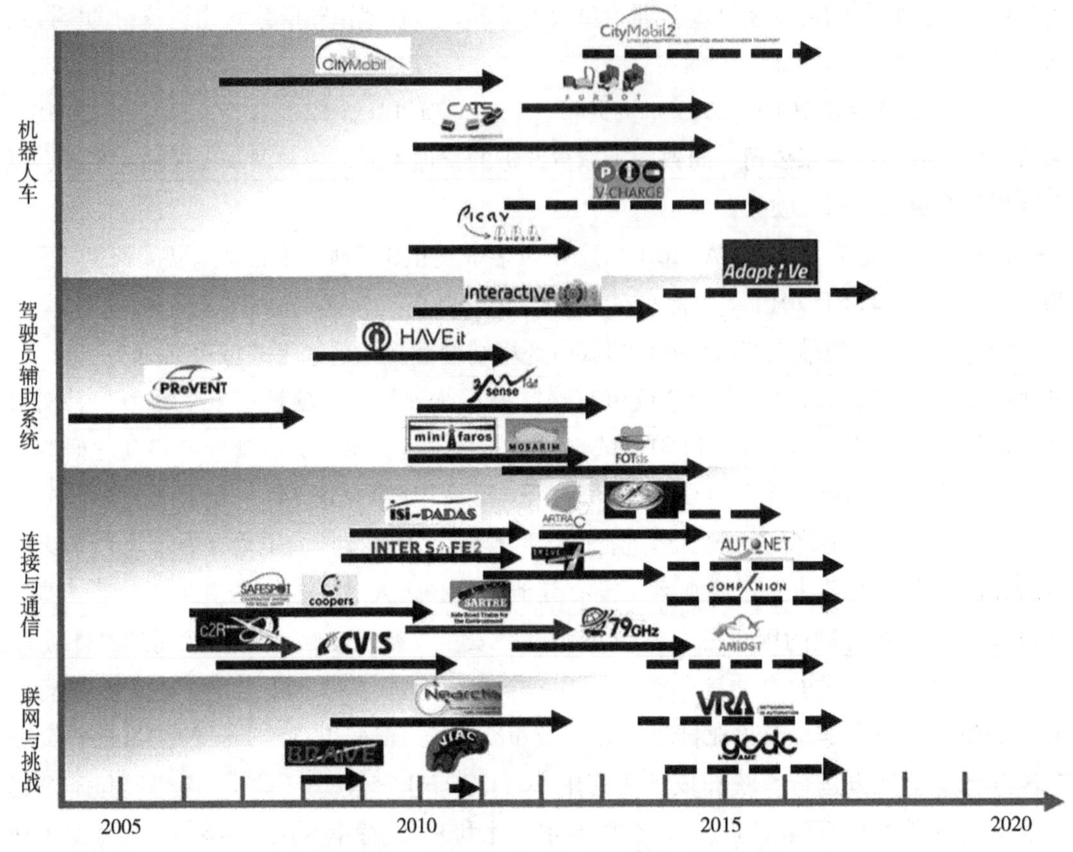


图 2　欧洲委员会资助的自动驾驶发展项目一览

注：已分析近十年来项目进展。实线箭头表示已完成项目，虚线箭头表示在运行项目。

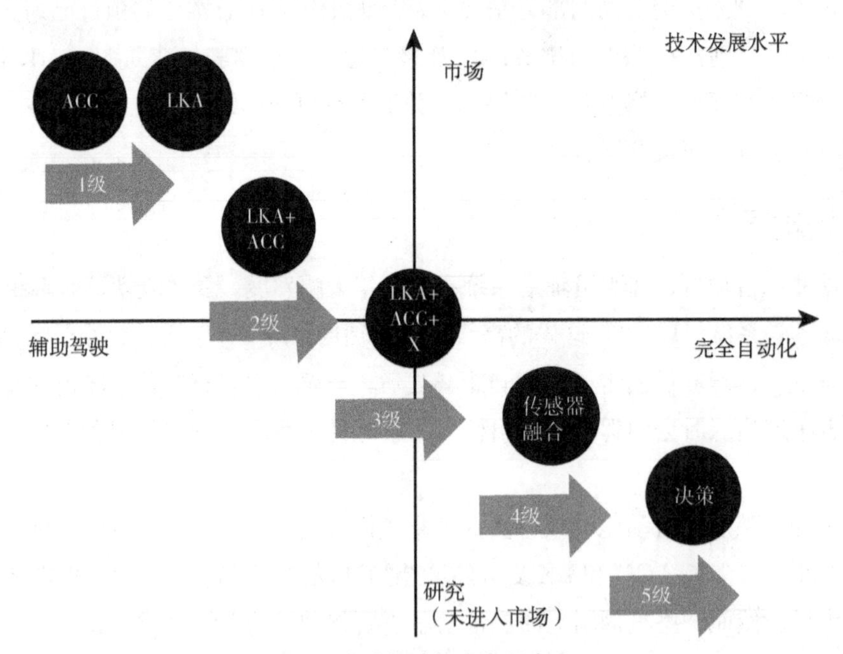


图 3　自动驾驶技术发展水平

### 3.3 发布会

近期趋势表明举行发布会将拉动自动驾驶的创新，超越现有研究和发展。例如，谷歌无人驾驶汽车发布会（Google，2014）。即使方案还远未成熟，此类沟通也可大大提高道路使用者和潜在顾客对自动驾驶优势的了解。同谷歌一样，欧洲车辆制造商也举办了描绘美好前景的发布会，使更多观众熟知新兴技术发展。戴勒姆等公司近期驾驶一辆具有自动驾驶生产技术的奔驰原型汽车从曼海姆行驶到了普福尔茨海姆。125 年前，贝尔塔·本茨就是沿这条路线驾驶了第一辆长距离汽车（Wirtschafts Woche，2013）。

此外，重型汽车的自动驾驶技术发展有可能完全改变货运业。戴姆勒所谓的“未来卡车”具有许多辅助系统，可实现无人驾驶。

近期雷诺在巴黎附近的研究中心展示了电动车自动代客泊车技术，使用主流汽车传感器组件运行无乘客自动驾驶模式，从落客区到停车场或无线收费处，或反过来行驶（Renault，2013）。2014 年初，雷诺发布的无人驾驶汽车，“the NEXT TWO”，可在管制道路上轻松行驶。雷诺计划 2020 年前发布自动驾驶电动车，应用在单调的城市驾驶和代客泊车等低速行驶环境中（Renault，2014）。

## 4 国际及其他成员国的发展和举措

### 4.1 欧盟之外的动态

近期世界各地的公共部门表示计划发展推行自动汽车。同时，许多汽车公司和研究团队也做出声明和展示，全球汽车产业发展正由人类向车辆智能系统转变。欧洲之外，美国和日本近期也发展迅速。韩国、中国、新加坡和澳大利亚也在自动汽车领域推出了国家项目和倡议。

#### 4.1.1 美国

美国交通部（DOT）宣布了一个自动汽车国家项目（NHTSA，2013），其宏伟目标为“2020 年前，汽车行业及公共部门需实现部分自动汽车系统大规模使用，以提升安全性、流动性，并减少环境破坏”。因此，5 年自动汽车项目框架应涵盖 NHTSA 定义所有自动化级别的研发，即① 1 级，发展测试人工（HITL）驾驶辅助；② 2/3 级，有条件自动驾驶安全保障；③ 4 级，有限无人驾驶。此外，交通部认为只有当所有车辆与基础设施相连时，才能实现自动驾驶。

2014 年 9 月，公共道路测试和驾驶自动汽车的监管构架在加利福尼亚州建成。“第 1298 号参议院法案”指出机动车管理局应在 2015 年 1 月 1 日前推出自动汽车新法规。这是因为 SAE 定义的自动化等级已被市场接受。同时，3 级还在测试阶段，4 级已开始研发。

此类法规可允许制造商在公共场合测试自动汽车。佛罗里达州、内华达州、科伦比亚特区和密歇根州也出台了相似法规，其他州也会相继推出。

### 4.1.2 日本

日本基础设施交通运输和旅游部（MLIT）强调推广自动汽车时，车辆与基础设施之间的通信至关重要，需利用高宽带增强通讯的“智能运输系统站点”（ITS spot）技术。日本已安装1600个配有发射器的“ITS站点”，超过10万辆车可与其通信。其可提供交通信息和预警，未来将与车道稳定辅助和适应性巡航系统结合。2013年，一篇中期报告指出，日本“自动驾驶系统委员会”的路线图展示，将会在2020年前在高速公路上应用自动驾驶（MLIT，2014）。2014年5月，日本宣布了隶属于跨部门战略创新促进计划（SIP）的自动驾驶系统研究计划，认为自动驾驶系统研发和测试的技术发展会为下一代城市交通减少事故死亡人数和缓解堵塞，需要增强国际合作部署。可以预见，未来交通事故死亡人数将大幅减少。2020年东京奥运会也会成为展示日本自动驾驶的里程碑。

### 4.1.3 韩国

韩国基础设施和交通运输部（MOLIT）已提出交通安全技术发展议程，旨在到2016年前大幅减少韩国交通事故。韩国私营企业也在提高自动驾驶相关性。例如，现代起亚汽车组织了两年一次的“未来自动技术竞赛”（Hyundai，2014）。参赛车辆需完成3、4公里混合铺砌和未铺砌道路，展示其躲避障碍、通过窄路、躲避车辆、识别乘客、避开移动障碍物等功能。韩国研究机构正在区分两种自动汽车：一种接收车内传感器信息，一种则利用“自动汽车导航系统”（AVGS），接收车内传感器和路边基础设施信息。电子电信研究所（ETRI）通过发展其针对AVGS的IT融合技术，开始对自动汽车的研究（ETRI，2014）。

### 4.1.4 中国

结合中国交通状况分析和其不断增长的车主数量来看，自动（安全）系统会成为未来中国自动汽车市场的决定性标准。不仅OEM看到了无限商机，中国政府也将自动驾驶看作是2020年的一个现实技术。例如，与北京相邻的天津就对通用EN–V 2.0汽车进行了测试。

### 4.1.5 新加坡

为了发掘自动驾驶的机遇和挑战，新加坡路面运输管理局（LTA）与新加坡科技研究局（A*STAR）签署了5年的谅解备忘录，建立了合资伙伴关系“新加坡自动汽车倡议”（SAVI）。SAVI将会提供一个技术平台，以供研发自动汽车、自主移动系统、自主道路系统，并为公众和行业中利益相关者提供不同的自动驾驶测试。LTA会对新加坡交通网络中的AD 进行监管，A*STAR则会利用其专业知识发展技术和路线图。与裕廊集团（JTC

Corporation）一同，LTA 将于 2015 年开始在新加坡北部的公共道路上测试无人驾驶汽车。除 SAVI 外，新加坡现有一些其他的自动驾驶测试，如麻省理工学院（MIT）和国立新加坡大学（NUS）的测试。在此项目内，一批自动高尔夫球车正在针对共享汽车概念进行测试（A*STAR，2014）。

### 4.1.6 澳大利亚

大型无人驾驶卡车也被称为“自主牵引系统”，现已在澳大利亚西部的皮尔布拉地区进行采矿作业。配有传感器、GPS 和雷达制导技术，卡车可以自主行驶，而监管人员却远在距离皮尔布拉 1800 千米的珀斯。此外，每辆卡车有 200 个传感器，由 Cisco 网络技术操控。本批约有 50 辆无人驾驶卡车，2015 年年底会增至 150 辆。其他皮尔布拉的铁矿石生产商也会使用无人驾驶卡车，因为可降低成本，并可提高整个采矿过程的安全程度。为应对道路准备工作和配备合作性智能运输系统（C–ITS）车辆的出现，澳大利亚和新西兰公路运输协会和交通局批准了所谓的 C–ITS 策略计划。该计划被认为是保证机动车和道路基础设施之间双向通信的新兴平台。此外，澳大利亚政府、新南威尔士政府和澳大利亚国家ICT 卓越研究中心（NICTA）提出的 CITI 项目是最早测试重型车辆的项目之一（C–ITS，2014）。利用 C–ITS，60 辆车会在悉尼南部打造相连 42 千米的汽车智能走廊。

## 4.2 欧盟成员国举措

欧洲一直积极实现和发展自动驾驶的创新概念。有些举措使自动驾驶迅速发展，但基本都来自欧盟成员国。

### 4.2.1 法国

近期，法国政府推出了涵盖 34 个创新领域的计划，有助于建立新的工业法国。其目标之一是制造配有传感器和雷达的自动汽车，以改善未来交通安全。ICT 制造商和供应商应在 2020 年前，继续研发价格合理的传感器、软件、控制系统和服务，以及更具竞争力的自动汽车和组件。其诱因在于自动驾驶可改善交通流的灵活度和可适应度，并允许老年人和残疾人参与到日常交通中来。

### 4.2.2 德国

近期德国联邦运输和数字基础设施部主办的“自动驾驶圆桌会议”重申了有关自动驾驶法律框架、基础设施和技术要求的问题。与会者有来自政治和保险领域内的专家、汽车制造商和供应商及研究机构，旨在建立支持路面自动驾驶的法律框架。近期，德国联邦经济能源部和联邦教育研究部资助了一系列有关自动驾驶辅助系统和合作系统的研发项目。

### 4.2.3 英国

2014 年 6 月底，英国政府颁布了两个决策，给英国路上的“无人驾驶汽车亮绿灯”。英国政府意在使英国在新兴“智能交通”市场中领先全球。第一，英国城市可参与测试无人驾驶汽车的竞争，并赢得 1000 万英镑（约 1250 万欧元）。每个项目都会从 2015 年开始，预计持续 18 ～ 36 个月。商业部门和研究机构被明确要求给出建议。第二，评估报告旨在分析现行公路法规，探讨无人驾驶汽车在日常交通中应用的可能性。英国政府认为，以上两点对英国走在自动汽车技术前列都至关重要。

2014 年 12 月初，英国财政大臣乔治 · 奥斯本在秋季声明中指出，无人驾驶汽车、创新和交通基础设施的竞争会增加 900 英镑的收入。他还表示 4 个英国城市已赢得无人驾驶汽车大赛：密尔顿凯因斯、考文垂、布里斯托尔和格林威治。

### 4.2.4 瑞典

瑞典政府批准的联合项目“可持续的驾驶 – 自动汽车”，欲实现交通零死亡，并将研究不同领域内公共道路上的无人驾驶汽车。除沃尔沃汽车集团外，瑞典交通管理局、瑞典运输署、Lindholmen 科技公园和哥德堡市也参与其中。100 辆沃尔沃无人驾驶汽车在哥德堡市内市外近 50 千米的公路上每日载客驾驶。该项目的一个附加价值源于其将在拥堵的典型通勤区试验自动汽车。项目目标不仅在于指明自动驾驶的社会价值，还在于探索基础设施要求、交通状况和环境相互作用等所有对自动驾驶至关重要的伴随因素。

### 4.2.5 荷兰

荷兰在自动汽车领域内十分活跃。荷兰科学运输机构发起了公私合作伙伴关系：荷兰自动驾驶汽车计划（DAVI)。DAVI 专注研究展示公共道路上的自动驾驶。除试验外，荷兰也积极支持利于自动驾驶发展的合作信息技术服务（ITS)。“阿姆斯特丹集团”这样的战略合作联盟框架旨在在欧洲实现合作性 ITS 的大规模应用。作为该集团核心的欧洲联盟组织致力于解决统一化和标准化的问题，由此实现 C2C–CC、Polis、ASECAP 和 CEDR 等新型 ITS 的应用。阿姆斯特丹集团还建立了一个包含荷兰、德国和奥地利政府在内的联合项目，以完成路旁合作性 ITS 基础设施的泛欧洲部署。两种合作性 ITS 服务：道路施工警告和浮动车数据，将于 2015 年应用在鹿特丹港和维也纳之间的一条道路上，以最终提高交通流和高速公路安全系数。

2015 年初，荷兰将公共道路上的自动驾驶合法化。现在，政府正在起草一份文件，包括所有应用自动汽车所要求的法律变化。

### 4.2.6 西班牙

西班牙科学创新部资助了多种多样的项目，研究自动汽车系统控制和导航的发展、应用和试验方法论。近期，西班牙阿利坎特大学成功研制出了可从环境中学习的自动驾驶系统。互动式传感器可用于面积测绘，车载摄像机用于导航系统。即使测试是在高尔夫球车上进行的，但显然以这种方式，每种传统车辆都可在可控环境中转变为自动系统。现在，此类汽车由于可以辨识障碍、移动物体，所以可在仓库中使用，其在到达指定地点时可选择最优路线。

# 5 路线图

## 5.1 里程碑

谈到自动驾驶科技未来发展时，渐进性和变革性的发展道路可被区分出来（图 4），驾驶员辅助系统可逐步发展为自动驾驶系统。但创新发展的根本特征是基于机器学习技术的变革性进化。

根据渐进性来看，一方面，自动驾驶的发展和应用会在越加复杂且包容高速驾驶的环境中，经历汽车系统自动化水平逐步提高；另一方面，在描绘自动驾驶革命性发展时，对道路使用者的保护和自动驾驶与其他非客车之间的协调也会被考虑在内。我们不应低估变革性的发展，完全自动驾驶可能到来得比想象中更快。排除所有预计可能会威胁行人安全的外界因素后，自动驾驶就可被允许。特别是高级别自动化，像本文关注的 3 级和 4 级，可达到的里程碑如下。

（1）里程碑 1（2020 年）

渐进性发展的有条件自动驾驶（3 级）可在低速、较不复杂的驾驶环境中实现，如停车场或公路塞车时。到 2020 年，配有车道偏离系统的塞车代驾可在低速时完全实现，2022 年可实现公路代驾。

（2）里程碑 2（最迟 2025 年）

下一步发展为公路上的高等级自动驾驶（4 级）。公路自动驾驶仪可使司机更加自由，如驾驶时从事其他活动。同时，车辆环境监测系统大大发展，可使车辆反应迅速，特别是躲避撞到动物，以及在铁路平交道口、中高速驾驶时处理紧急情况。

（3）里程碑 3（最迟 2030 年）

可能其他变革性科技发展（无人驾驶智能汽车），会使高程度自动驾驶（4 级）在城市中实现。车辆间交流沟通、交通标志、行人、骑自行车的人，到弯曲车道及环路中的车辆控制所带来的复杂交通状况，也是一项挑战。不是所有城市都有相同的自动驾驶要求，所以区域依赖性也是值得注意的内容。

里程碑 1 和里程碑 2 中提到的功能性可根据真实情况和需要进行调整。这意味着，如在城市中禁用的自动驾驶可在受控车道内进行公路代驾。因此，自动汽车应适应驾驶员的需要和意愿。

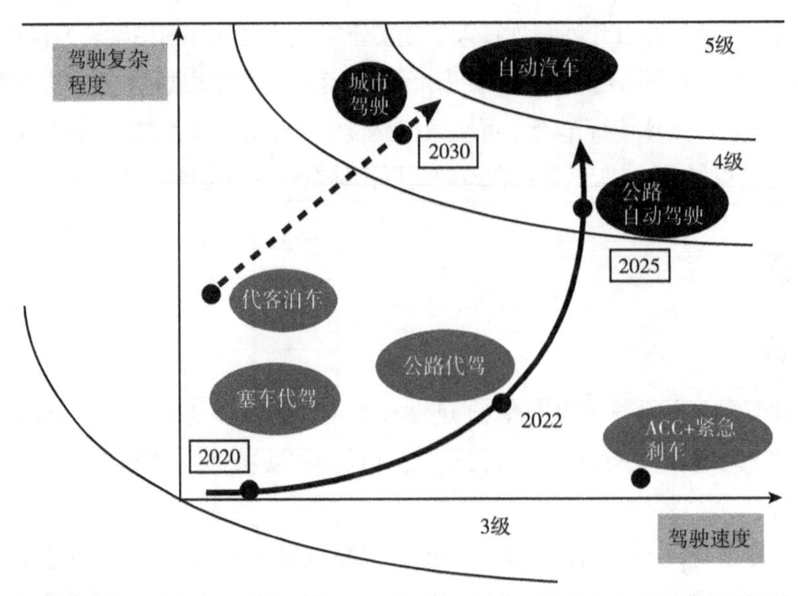


**图 4　根据车速和驾驶环境复杂程度预测的 2030 年前 3 级和 4 级道路车辆自动化发展路径和里程碑**

注：实线代表渐进性发展，虚线为变革性发展。两条发展路径最终均指向自动汽车，也就是 5 级自动驾驶。3 个里程碑如年份所示。塞车代驾预计最迟在 2020 年完全实现，公路代驾紧随其后，约在 2022 年实现。第 2 个里程碑，4 级的公路自动驾驶应在 2025 年实现。城市中平稳安全驾驶被认为是 4 级自动驾驶最艰巨的任务，预计 2030 年在可控环境中完全实现。

## 5.2　行动领域

本路线图涵盖为实现里程碑应采取的举措，包括多维度的技术和非技术方面，并根据以下内容进行划分。

（1）车内技术

本路线图涵盖传感、系统整合、通信框架、人为因素处理、功能安全等关键使能技术，因为电子元件和系统（ECS）需要此类技术的进一步发展。例如，车内处理器和传感器网络需要同时处理多任务，并需在 1 毫秒内做出反应。一个挑战是对制造商和顾客产生成本的生产技术，但其也提供了安全规则下的所有要素（如相机的高分辨率和对比度）。新技术必须可在所有类型车辆和天气下应用，在较大温差下保持稳定，具有自动防故障功能，较长使用寿命并达到高质量标准和要求。例如，传感器要最小化、最优化，以满足未来市场需求。

同时，协调合作和吸取其他产业经验也是有必要的，如航空或机器人领域。

（2）基础设施

此路线图指出了必要的路边通信设施和数据骨干网络。即使专用车辆通信基础设施对自动驾驶不是必需的，但其也可加速自动驾驶发展，也是自动驾驶在城市中应用的前提。

（3）大数据

新技术必须能过滤、处理和评估对交通和乘客至关重要的数据。数据安全和隐私是不可避免的问题，要保护道路使用者免受潜在的操控，并为系统故障做准备。

（4）系统整合和确认（传感器、操作系统）

路线图考虑了传感器数据融合、系统操作及硬件层面的基本内容。

（5）系统设计

路线图包括了自动驾驶的测试、模拟、鉴定和可信度方法和工具。

（6）标准化

长期来看，车对车和车对基础设施通信标准是高级别自动驾驶的前提。欧洲层面需要推出共同标准。

（7）法律框架

自动驾驶发展的最大障碍之一就是没有合适的法律框架。法律框架出台必须与关键技术发展和基础设施建设同步。之前提到的 1968 年维也纳公约（章节 2.2.2）要求驾驶员必须在所有情况下驾驶控制车辆，这阻碍了自动驾驶在道路上的应用。之前也提到了（章节 2.2.2)，维也纳公约第 8 条已经有了第一个修正案。

（8）提高意识

若未来欧洲及全球都接受自动驾驶，就必须提高公众意识。特别是应将关于安全性能、能效、生产力、社会包容及应用方面的进展告知未来顾客和交通参与者。

## 5.3 路线图结构

每个行动领域都有路线图，然而领域之间的现有联系需要谨慎看待，以实现共同发展。路线图指出研发、示范和工业化举措的内容和时间表应实现 3 级和 4 级自动化应用的 3 个里程碑（图 5）。这些举措应根据行动轨迹和里程碑来采取。

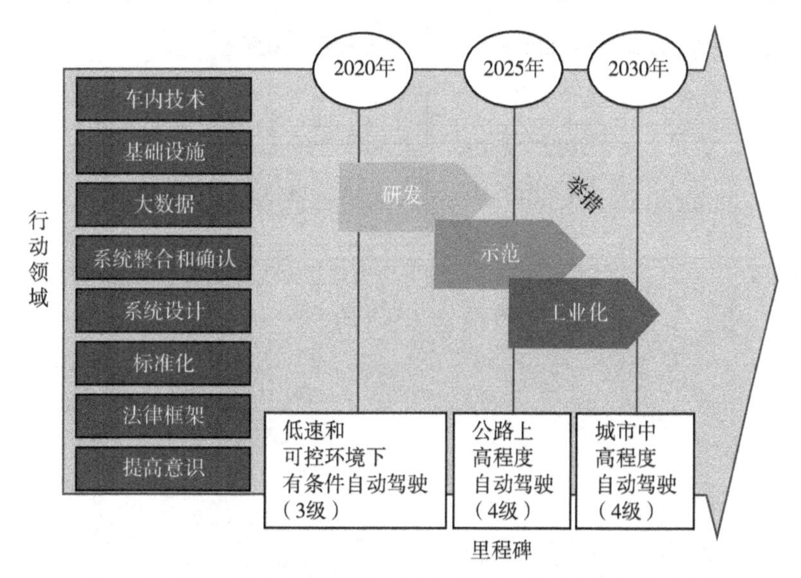


图 5　3 级和 4 级自动驾驶发展里程碑和行动领域结合后的结构

## 5.4 技术路线图

### 5.4.1 车内技术（图6）

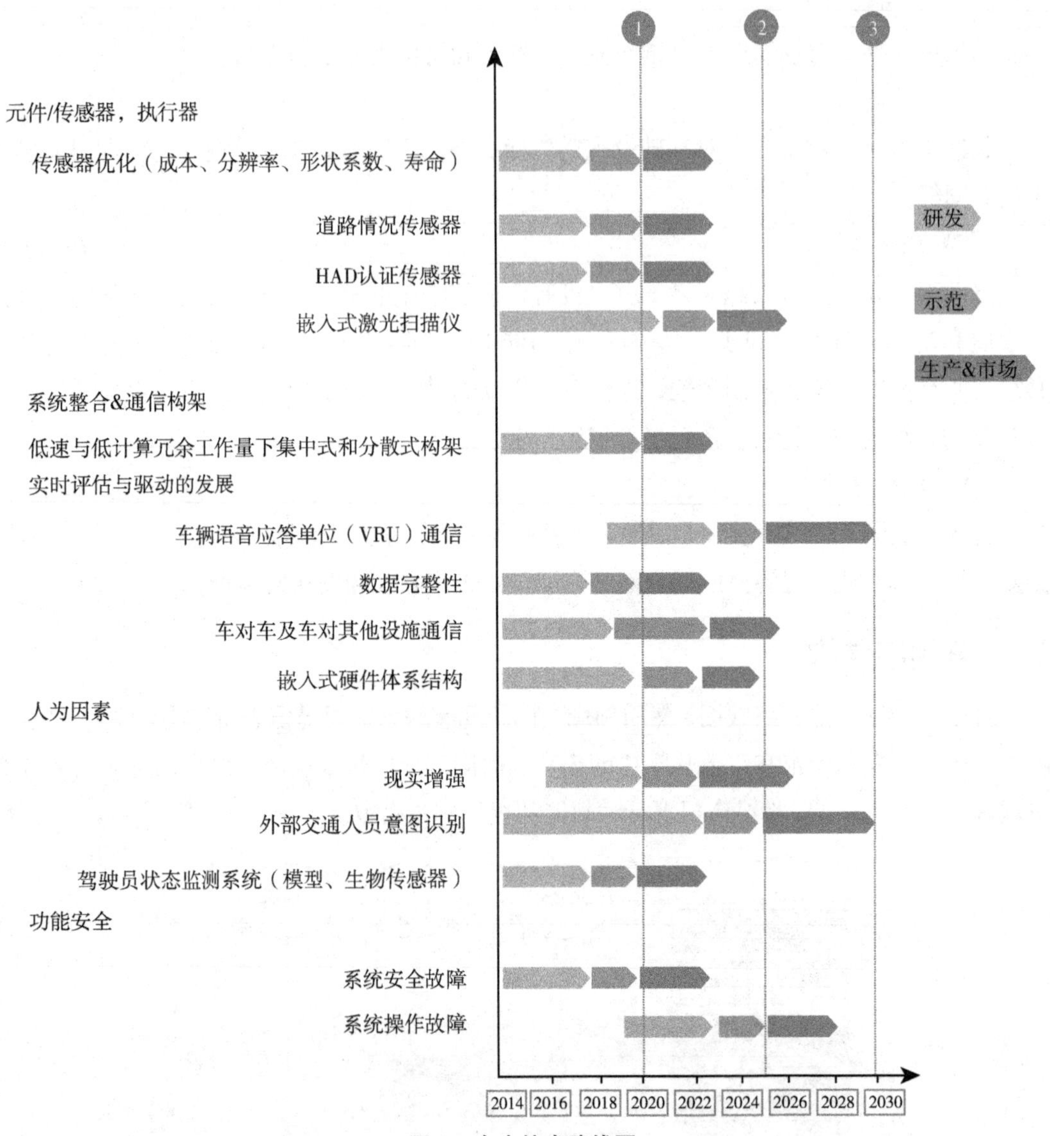


图6 车内技术路线图

### 5.4.2 基础设施（图 7）

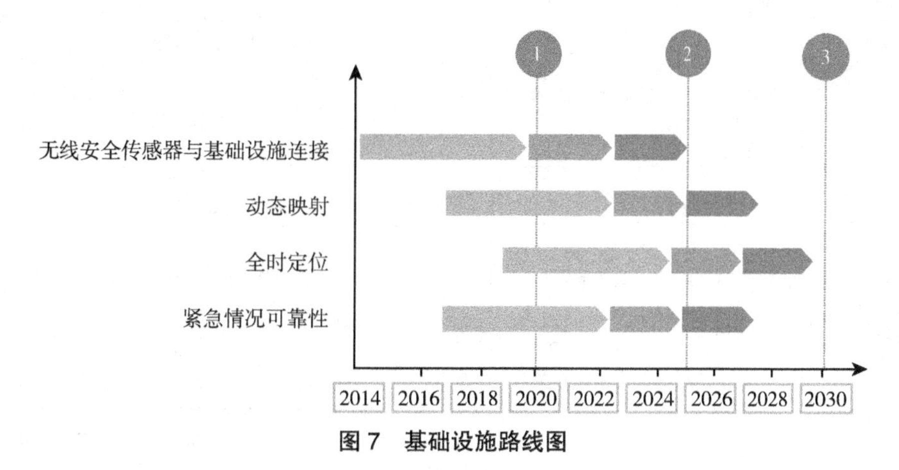


图 7 基础设施路线图

### 5.4.3 大数据（图 8）

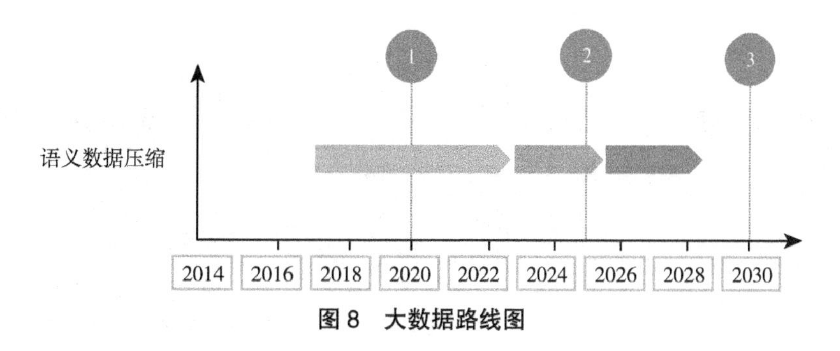


图 8 大数据路线图

### 5.4.4 系统整合与确认（图 9）

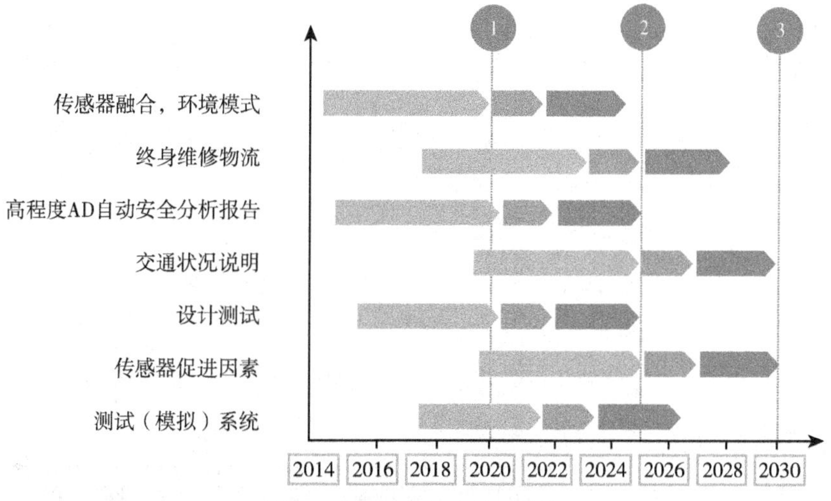


图 9 系统整合与确认路线图

### 5.4.5 系统设计（图 10）

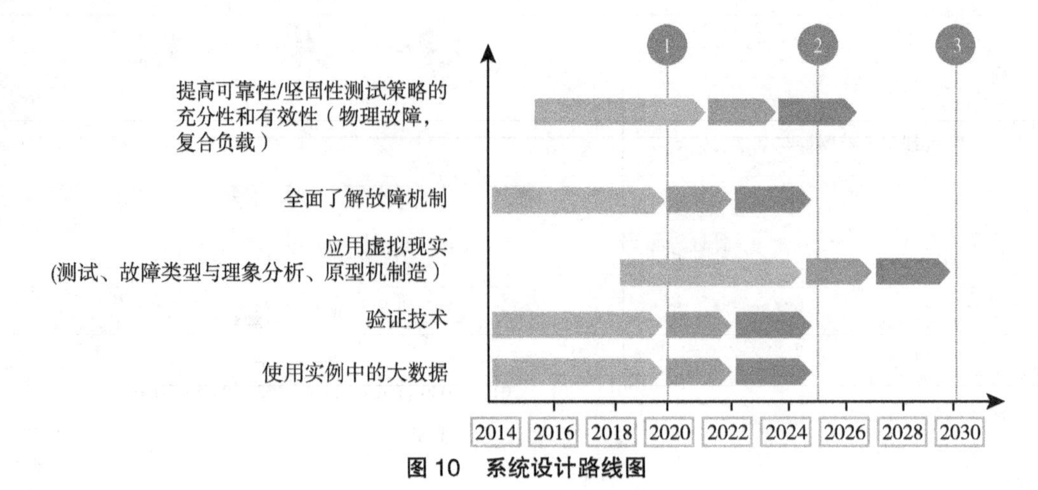


图 10　系统设计路线图

### 5.4.6 标准化（图 11）

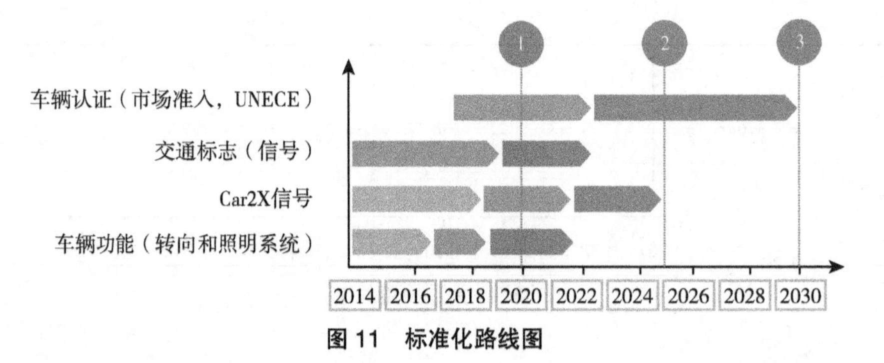


图 11　标准化路线图

### 5.4.7 法律框架（图 12）

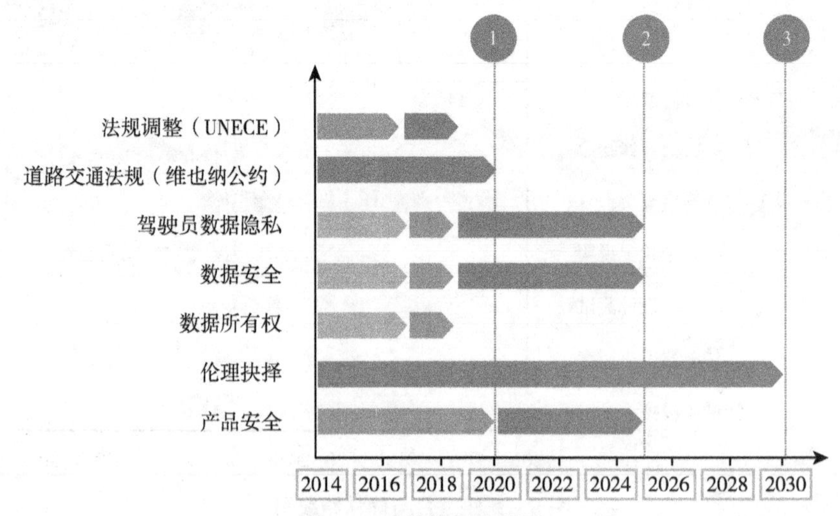


图 12　法律框架路线图

### 5.4.8 提高意识（图 13）

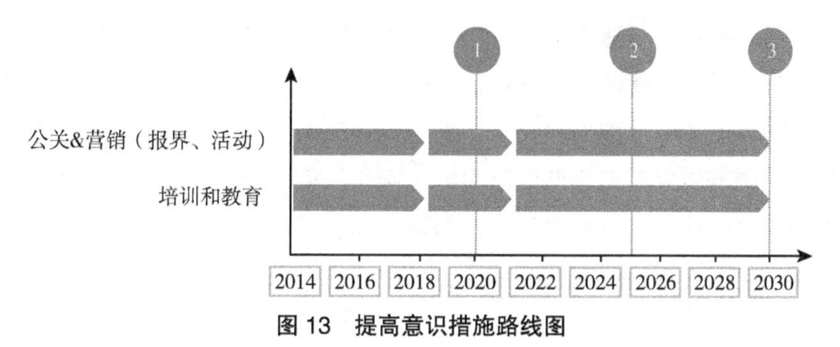


图 13 提高意识措施路线图

# 6 建议

根据本文第 5 部分的路线图，可以给出有关研究创新或其他方面的建议：应何时采取何种行动，以实现在欧洲应用高程度自动驾驶的里程碑。近期、中期建议如下。

• 在资助“地平线 2020”中产业和学术研发项目时，需要并支持自动驾驶智能系统技术进一步发展。尤其适用于高等级自动驾驶（SAE 2 级以上）技术，例如，传感器、环境与驾驶员监测的传感器融合、合法元件、重复子系统、功能安全、可靠性、车辆结构智能集成概念，以及可靠安全的数据通信。最终自动驾驶智能技术发展会使自动汽车在社会上得到普及，扩大市场、巩固欧洲在汽车市场中的领导地位。特别是城市中高程度自动驾驶和完全自动驾驶的革命性进展、车辆间优化连接，以及融入物联网等大规模行动。

• 欧洲高等级自动驾驶合理的测试和使用法律框架是需要克服的重要阻碍。首先，这关乎修正后的维也纳公约在国家内部的快速采纳，以使欧洲可与竞争对手抗衡。其次，解决像交通事故责任、数据安全和云隐私等的法律问题和法规对保险公司来说是首要任务。像保险基金等法律与智能系统的统一对大众接受自动驾驶来说至关重要，特别是自动汽车。最后，还应考虑车辆决策的伦理问题。

• 我们还需建立模拟现实环境中复杂自动驾驶系统的审批新流程和测试系统。应尽快测试所有相关的紧急情况，以及不同的传感器和执行器、道路状况、交通伙伴或新型自动驾驶应用。

• 实地操作测试对 SAE 3 级或 SAE 4 级的高等级自动驾驶安全和可靠性的展示十分重要，其主要会支持城市和完全自动驾驶的革命性发展，也会促进（如在公路上）自动驾驶应用的渐进式发展。强烈建议利用自动驾驶应用实践来宣传和展示其社会、经济和生态效益。此类行动对促进欧洲自动汽车的独特卖点有很大帮助。

• 此外，也需要有关部门之间的协调（如车辆制造商，能源、通信服务和供应商，运输部门，IT 和智能系统部门及用户等），其与自动汽车新型价值链伴随而生。标准化和统一化在车内车外技术发展中无法避免，所以应纳入项目中来，以促进市场推广和研究结果发布。需统一标准，以避免碎片化解决方案及公共资金和产业投资缺失。

• 欧洲引入半自动和全自动汽车行动的基础是欧洲委员会的领导。欧洲委员会各个总司和利益相关者应在联合实施策略中合作，如战略运输技术计划（STTP)。

• 鉴于在其他领域已取得一些成功，工业、公用工程、基础设施供应商、学术界和公共部门应建立明确的公私合作伙伴关系，参与与自动驾驶所有方面相关的项目，包括研究创新。协调与支持措施应大力协助以上内容，例如，机器人与半导体的技术转变，或欧洲立场上对自动驾驶全球价值链的评估。欧盟级别和成员国级别的项目应平行且连贯，以扩大欧洲自动驾驶应用创新的研究发展领域。

**附件：欧盟项目列表**

| 种类 | 首字母缩略词 | 名称 | 时长 | 目的／关键词 |
|---|---|---|---|---|
| 机器辅助系统 | CityMobil | 城市环境中高级公路运输 | 2004年2月至2008年1月 | 安全应用和技术：安全速度和安全跟车，侧面支撑，路口安全，碰撞前和盲点监测的实时3D传感器 |
| | PICAV | 个性化智能城市无障碍汽车 | 2009年8月至2012年7月 | 乘客运送，城市交通，车辆共享，联网，辅助驾驶，易受伤的道路使用者 |
| | CATS | 城市可替代运输系统 | 2010年1月至2014年12月 | 机器人无人驾驶电动车，乘客运输，运输管理，城市运输 |
| | V-Charge | 自动代客泊车和电子流动收费 | 2011年6月至2015年9月 | 自动代客泊车，协调充电，智能车辆系统，自动驾驶，多相机系统，多传感器系统 |
| | FURBOT | 货运城市机器人车辆 | 2011年11月至2014年10月 | 城市货运运输全电动车，机器人 |
| | CityMobil2 | 示范城市自动汽车客运 | 2012年9月至2016年8月 | 自动道路运输系统，自动汽车，无人驾驶，城市运输，安全，基础设施，立法 |
| 驾驶员辅助系统 | PReVENT | 预防和积极安全应用 | 2004年2月至2008年1月 | 预防安全应用和技术（高级传感器、通信和定位技术）的发展和示范，子项目“Response 3” |
| | HAVEit | 智能运输中的高级自动汽车 | 2008年2月至2011年7月 | 塞车自动辅助，临时自动驾驶 |
| | MiniFaros | 低成本环境感知激光雷达 | 2010年1月至2012年12月 | 发展示范创新型低成本激光雷达 |
| | MOSARIM | 雷达干扰抑制带来的更多安全 | 2010年1月至2012年12月 | 干扰抑制，自动短程雷达 |
| | 2WideSense | 宽谱带和宽动态多功能成像技术带来的更安全车辆运输 | 2010年1月至2012年12月 | 下一代成像传感器的发展与检测，新成像系统 |
| | interactIVe | 智能车辆主动干预的事故预防机制 | 2010年2月至2013年6月 | 辅助驾驶员的安全系统发展（联合转向和制动执行器） |
| | AdaptIVe | 智能车辆的AD应用和技术 | 2014年1月至2017年6月 | 自动驾驶，车辆，卡车，高速公路，城市交通，短距离移动，子项目“Response 4”（超越ADAS) |

作者：Jadranka Dokic　德国VDI/VDE-IT咨询服务公司
Beate Muller　德国VDI/VDE-IT咨询服务公司
Gereon Meyer　德国VDI/VDE-IT咨询服务公司
译者：韩秋明，感谢VDI/VDE-IT翻译授权。

# 技术路线图：智能移动技术、材料、制造流程以及汽车轻量化

**摘　要**　产品和制造流程的技术进步加速了整个汽车行业的创新。为了了解这些技术，汽车研究中心（以下简称CAR）受加拿大创新、科学和经济发展部（以下简称ISED）委托，开展有关汽车行业技术路线图研究。该技术路线图可以让读者大概了解从现在到2030年以后的汽车行业技术发展趋势。

CAR找到并查阅了100多年来由咨询公司、独立智库、贸易期刊和CAR自己研究发布的路线图，并通过文献检索、查阅产业大事件的新闻布告等方式，以找出未出现在现有路线图中的新兴技术。根据收集的信息，CAR将研究和现有路线图分为3个部分：智能移动技术、材料和制造流程、汽车轻量化。当技术路线图整合完成之后，CAR召开了圆桌会议，召集25个来自相关技术团队的专家，以证实自己的研究成果。

此份白皮书整合了为ISED开展的技术路线图研究的成果，并进一步诠释了相关预测技术的趋势、挑战等。

## 1　智能移动技术

连通性、自动化和新兴移动服务的进步等变革很大程度上影响了汽车行业、交通部门等其他方面。为了更好地评估潜在变革方向和重要程度，汽车研究中心（CAR）开发了一份“技术路线图”，包含很多业内专家的心血。这是CAR机构内部的研究成果，通过审慎分析领先咨询公司、投行、高校的研究报告，并由行业领导者和利益相关方证实。尽管大家对产业未来变革的大方向和本质都达成了共识，但是在预测特定时间框架上还有很多不确定性。

### 1.1　我们知道的

汽车自动化、连通性和移动性一直是几十年来技术和商业模式的变化趋势。然而，在过去的5～10年里，交通部门加快了技术发展和策略决策的速度。这段时间里，自动汽车系统影响了汽车的侧向或（和）纵向的移动，以及包括自动停车辅助、适应性巡航控制和自动紧急刹车在内的其他应用程序，越来越多的新车都配有自动汽车系统。据预测，此

趋势的终点是完全自动驾驶（如 5 级 SAE[①]）汽车。同时，2000—2010 年，各种预警、援助等辅助驾驶员的高级驾驶员辅助系统（ADAS）也出现在高级汽车中。

ADAS 服务于特定的自动汽车系统，以提高安全性能和驾驶体验，尽管车中依然需要人类驾驶员。汽车连通性涵盖了多种功能性系统，从信息技术到娱乐资讯，再到车对车（V2V）和车对基础设施（V2I）的协作、有效的安全交流。近年来，V2V 和 V2I 设备和应用程序的开发和测试取得了很大进步，V2V 也即将获得监管部门的授权。

新型移动服务（NMS）技术实现了全新商业模式和现有模式的重整，如待租汽车的叫车服务，或共同用车的共享汽车服务。总的来说，20 世纪 90 年代出现的新兴技术平台和使行程更加方便、高效、灵活的无线连接造就了 NMS。但真正的进步发生在 2010 年之后，此时不同概念的服务（或商业模式）和企业数目大幅增长，NMS 在人口密集的城市和地区尤其受欢迎。

## 1.2 变革、技术和其他驱动

智能移动技术是由一些近期的技术创新实现的，包括数字蜂窝网络、强大的计算机数据处理器、多种传感器（包括 GPS）及数据融合和机器学习。汽车制造商总是时刻关注技术创新以使产品更加特别。智能移动技术将在新车营销和客户联系中起到重要作用。汽车制造商和技术公司多多少少都处在这些技术开发的竞争中，汽车生产商现在也在与新兴移动产业的新玩家竞争，以保持自身的相关性和创新性。汽车制造商对连通性、自动化和 ADAS 特别感兴趣，因为这能为顾客的安全和便利提供新的解决方案，这些特性也可以增加汽车的销售利润，提供新的收入。

在快速发展的叫车服务中，顾客想要无缝、可靠、方便的交通方式，这些需求同样适用于汽车共享、车辆共乘和民营公交等新型移动服务中。叫车服务和汽车共享公司以多种方式让顾客在没车的情况下也可使用汽车，这正在扰乱交通部门的管理。汽车制造商为应对这种扰乱因素，正尝试新的商业模式，想要打破向顾客销售汽车的旧模式，创建新的机构内部服务。

## 1.3 即将发生的

北美、欧洲、以色列和日本公司在自动汽车研发上领先全球，中国公司也在奋起追赶。技术公司和创业公司为自动汽车开发软件、芯片和传感器等行为扰乱了传统的供应链。此外，很多汽车制造商也在自己开发自动驾驶技术，以确保它们未来可以留在市场，继续盈利。因为未来市场中软件、数据和连通性将比汽车的机械部件更有价值。

① SAE 国际是一个航天、自动化和商业车辆产业内工程师和相关技术专家的全球性组织，将机动车辆自动化程度分为 6 个等级，并在 J3016 标准中对此进行了详细解释。5 级，完全自动驾驶，为“在所有道路和环境下，自动驾驶系统可在任何时间完成人类驾驶员可完成的所有动态驾驶任务”。

ADAS 功能在未来的几十年里会变得越来越普遍（图 1、图 2）。一些功能将被安全评级系统管理或包含，如新车评估规程（NCAP)。完全自动驾驶汽车一开始将作为低速自动公车，而自动公车的试点测试早已在进行。很多专家预测，自动驾驶出租车服务最快会于 2020 年在部分城市和地区出现，个人使用自动汽车将于 2030 年或以后出现。

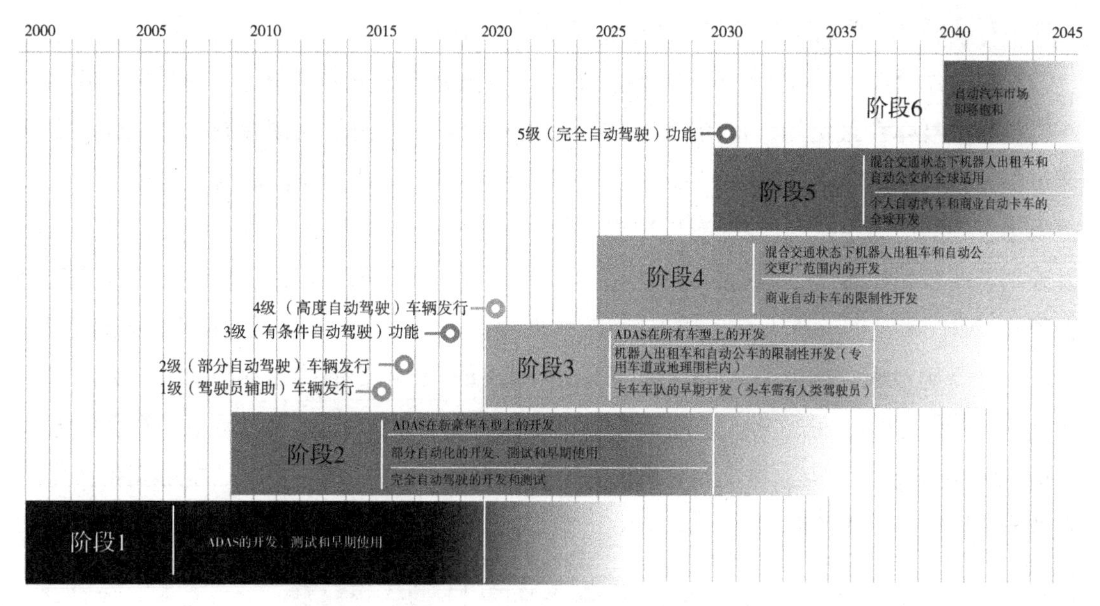


**图 1　高级驾驶员辅助系统和汽车自动化技术路线**

来源：CAR 研究。

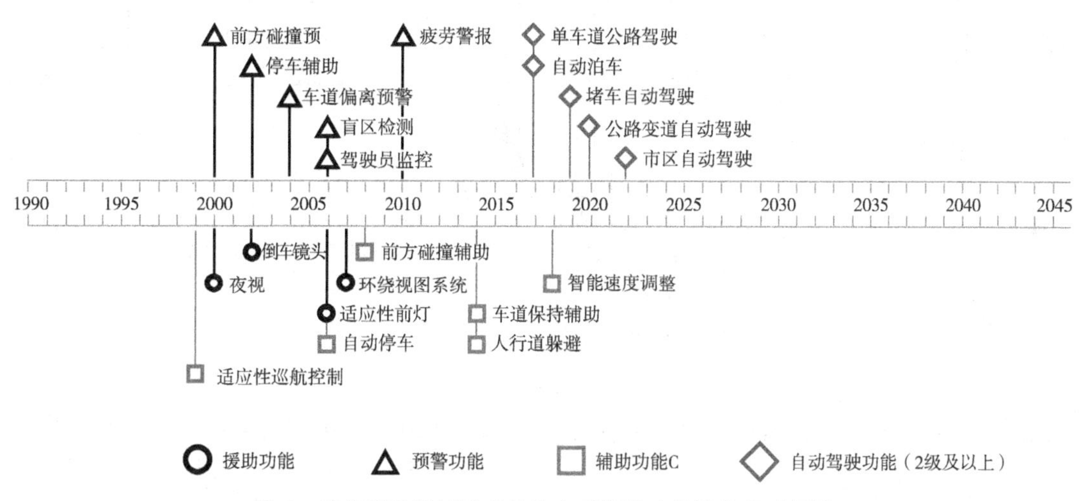


**图 2　高级驾驶员辅助系统和自动驾驶功能的发行时间线**

来源：CAR 研究，BCG。

很多汽车制造商正在开发带有自动驾驶系统的汽车，几家公司宣称已开发了条件自动驾驶（SAE J3016 3级），如未来1～2年内的自动公路驾驶。其他汽车制造商表示条件自动驾驶系统从人类的角度来看太过复杂，它们想直接开发不需要人类驾驶员的更高级别的自动驾驶汽车。在这一点上，汽车制造商和供应商没有达成一致。最后，预测能在所有条件下行驶的完全自动驾驶是否可能还为时过早（SAE 5级）。

显然，连通性将在汽车和移动领域的未来中扮演越来越重要的角色（图3），但我们尚不明确哪种技术会最恰当、最流行。如果V2V在轻型车使用的功能授权在2016年12月通过的话，美国将会在V2V和V2I的大规模安全使用上全球领先。政府、汽车技术公司都承诺在2020—2030年，根据专用短程通信（DSRC），大力发展V2V和V2I，涵盖基础设施端和汽车端。然而，准确的时间取决于美国政府的优先权，而现在国家公路交通安全管理局（NHTSA）的管理人员也还未指派。欧洲国家和日本也承诺会建立所需的法律框架，投资V2I基础设施，支持V2V应用的开发。不仅基于DSRC的连通性会取得较大进步，新的5G网络也将在2020年左右投入使用，成为继现在的4G LTE之后下一个新的通信标准。5G可以使多种商业和便利导向的应用程序成为可能，但是5G是否能够支持协作的有效安全性能还有待考证。

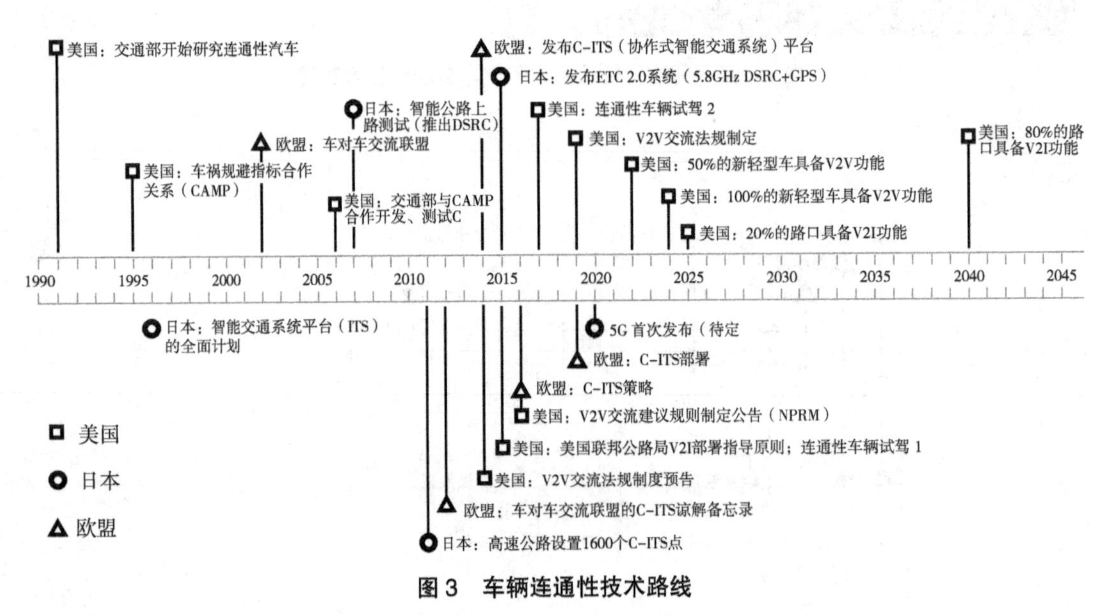


**图3 车辆连通性技术路线**

注：美国所有轻型车具备V2V功能的具体年份取决于FMVSS的V2V授权和具体准备阶段。

来源：CAR研究。

新型移动性服务应该多样化，车辆的自动化汇集使得这种服务能城市地区大幅推广，并在2020或2030年后进军非城市地区（图4）。2020—2030年，对于不断增长的世界人口来说，共享会变成汽车所有权的一种便捷选项。到 2030 年，叫车 / 出租车服务将占到世界总行驶里程的 1/4（图 5)。2030 年以后，车辆共享模式会在城市地区大面积使用，NMS 模式也将进入农村地区。

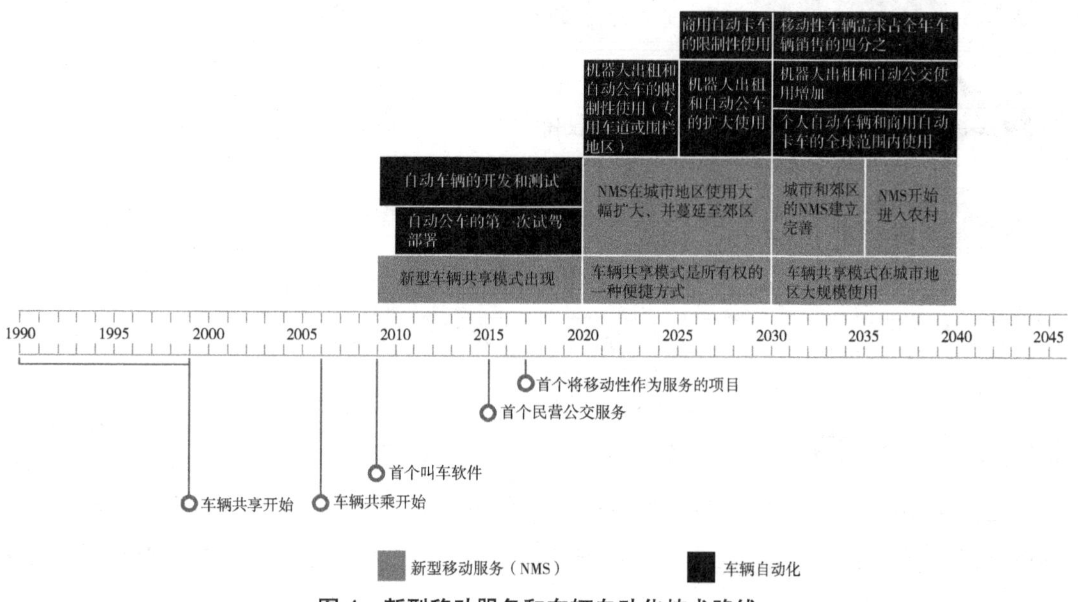


**图 4　新型移动服务和车辆自动化技术路线**

来源：CAR 研究。

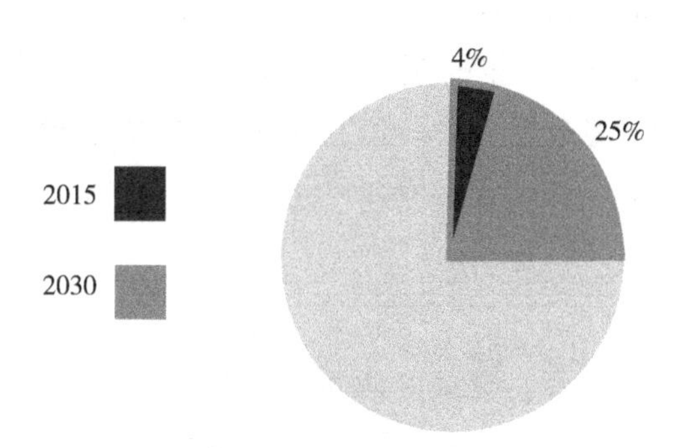


**图 5　汽车共享和车辆共乘的增长预测**

来源：摩根士丹利。

美国及全球地区的叫车 / 出租车服务的增长（每年叫车服务、出租车和机器人出租车行驶里程数的百分比），如图 6 所示。

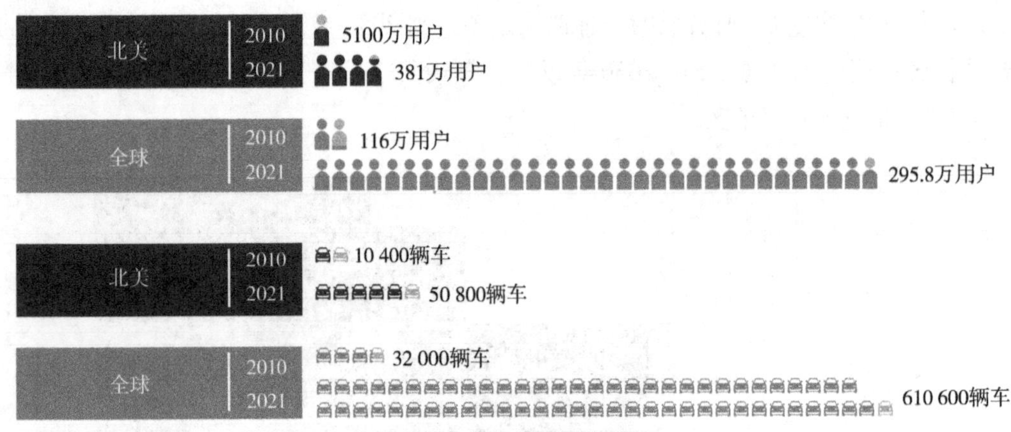


**图6　汽车共享项目的增长**

来源：CAR 研究。

## 1.4　驱动力和威胁

这些预测和时间（图 7）也可能会被相关发展大大影响。例如，关键使能技术的快速发展（如人工智能）可以使完全自动驾驶更快进入市场，但是如果消费者接受度不高，这个速度就会减缓。

（1）驱动力

潜在驱动力的种类宽泛，且依赖于精准的工艺。自动汽车的推出依赖于关键使能技术的进步，如人—机交互界面、驾驶员监控、目标辨识、传感器（微型化和成本节省）、云计算、网络安全、3D 高分辨率地图。大量的政府和私人对 V2I 和 5G 基础设施的投资将有助于连通性应用的上线。越来越密集的、可步行的城区也会促进新型移动服务的进步。通过“移动就是服务”系统而整合在一起的多种交通模式，以及车辆自动化和连通性的汇集也会增加 NMS 的使用。

（2）威胁

很多方面都存在威胁和拖延。连通性自动车辆的最终销售，以及新型移动服务的使用都取决于消费者的接受程度，而这将在连通性自动车辆发生车祸、召回或者网络安全袭击后大为改观。

成本也很重要，如果这些车辆对普通消费者来说价格过高，销量也会遭殃。对新型移动服务来说，最大的限制因素就是对密集市中心以外的地方不够有吸引力。政府投资不足可能会使 V2I 基础设施建设延后几十年，严谨交流标准的缺失也会限制互通性。根据现在上下班通勤距离和时长及现有 NMS 定价体系来看，这些服务相较于公共交通方式来说还是过于昂贵。尽管如此，即使保持现有价格，很多叫车服务仍是亏本的，如果这个服务完全依赖市场力量的话，这是一个不可持续的长期策略。

### 1.5 监测未来

建议行业利益相关方密切监测驱动力和威胁的变化，关注技术突破（例如，固态雷达的发展，一种通过用激光照亮目标物来测量目标距离的传感方法）、北美及其他地区的法规变化、企业收购并购等。利益相关方特别要监测未来全球自动车辆和数据保护的立法和授权。例如，美国轻型车使用 V2V 的提议。立法和法规可能会阻碍连通性自动车辆技术和新型移动服务的发展，这取决于国家和地方的政策立场，若安全或交通堵塞收益低于预期，后者可能会不太有利。

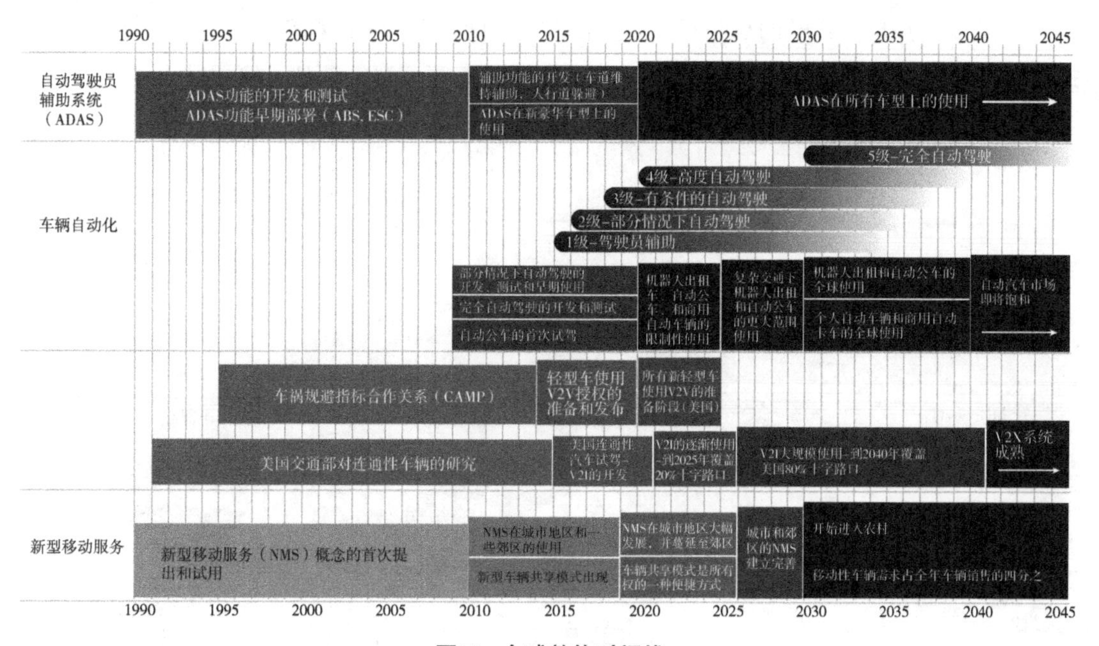


**图 7 全球整体时间线**

来源：CAR 研究。

## 2 材料和制造流程

性能更好的新材料由于各种原因被应用在汽车制造中，但主要原因是耐撞性高、降噪和降震、减少成本和节约燃油。燃油经济性的法规压力被认为可以加快轻量材料在车辆制造中使用的速度。

为了了解现在的汽车材料技术和未来材料趋势，此份白皮书呈现了材料和制造技术路线图，路线图来自很多产业专家广泛的跨公司研究和工作，汽车研究中心（CAR）收集了 9 家汽车制造商的主要研究数据。调查数据包括 2015—2016 的 42 款车型，涵盖 4

种车辆类别（轿车、CUV、SUV、轻型卡车）。这 42 款车基本代表了美国轻型车销量的 50%。调查要求提交每一款车上 20 个部件的使用材料、成形技术和接缝技术的详细数据。若给车辆减重 5%、10%、15%，调查也就被选部件材料技术使用的相关意见咨询了制造商。CAR 在 2016 年发布这一研究结果[①]。为了验证研究结果，加起来工作经验超过 150 年、来自不同公司和组织的材料专家受邀参加了为期半天的圆桌讨论。

## 2.1 我们了解的

### 产业现状

产品工程师想把合适的材料用在合适的位置。图 8 为主要结构部件现在最常用的材料。理论上来说，只要商业上可得，一个材料就可被用于制造汽车部件，可用现有技术制造，并达到性能要求。

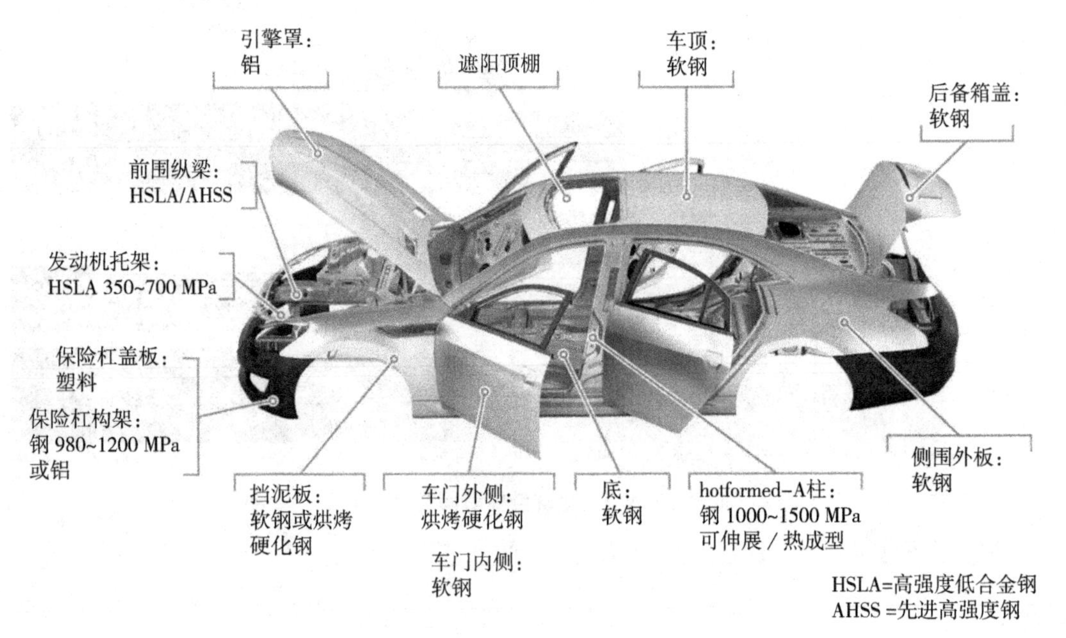


**图 8 主要结构部件现在最常用的材料**

来源：CAR 研究。

然而，设计师无法使用所有可得的材料，因为有些材料受实际中每日使用困难的限制，如供应链、基础设施、成本、可修复性、环境等。图 9 是从结构到覆盖件中 14 个主要汽车部件现在的材料组合。

① Baron J, Modi S.Assessingthe fleet–wide material technology and coststo lightweight vehicles.2016.

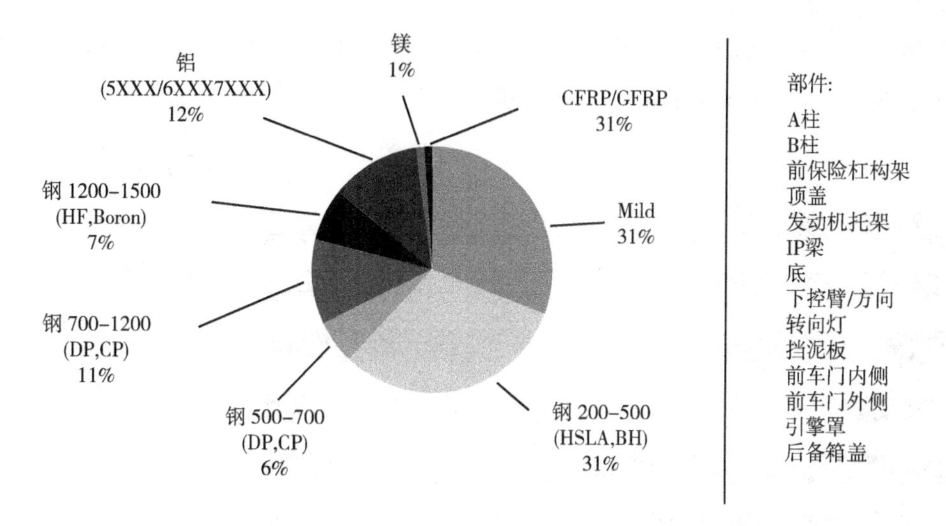


**图 9　从结构到覆盖件中 14 个主要汽车部件现在的材料组合**

来源：CAR 研究。

现在的车辆基本都是钢结构，材料中也会用到铝。钢的等级范围从软钢（270 MPa 抗张强度）到热成型硼钢（>1500 MPa 抗张强度），而镁和高分子聚合材料通常用在高端车的某些部件上。

现在主要的制造技术是冷冲压，但是高强度的钢很难冷成型。因为高温会增加材料的延展性，有助于复杂形状在成形时不开裂，所以热冲压的使用也在增加。对塑料和碳纤维复合材料来说，喷射造型法和树脂传递模塑是现在最常见的生产技术。

## 2.2　即将发生的

减少碳排放的法规压力和提高性能的竞争压力是汽车材料变化的驱动力。汽车制造商在寻找强度重量比更高的材料，因为这可以减少车重、提高性能。CAR 研究表示，通过增加隔板和车身上铝的使用，到 2025 年美国将给车辆减重 5%。最近，汽车内部的固定重量也成为减重的关注点。

图 10 显示了美国汽车从 2010—2040 年材料组合的变化。专家表示没有任何一种单独的材料能在减重比赛中获胜。重量和性能最优的车辆采用的都是混合材料的车身结构。汽车行业最近的新车早就开始了这种改变，车上的每个地方用的都是定制材料，以同时达到提高驾驶动力、节约燃油和降噪的目的。

新型制造技术也在进步，以实现批量生产要求的速度和成本效益。钢材热成型早已在高生产部件中使用，并到 2025 年高强度钢需求增加时成熟（图 11）。一个技术是否成熟是主观概念，取决于车辆项目。从广义上来说，成熟的技术可在批量生产（一年产量超过 100 000 单位）中使用，可在多种产品中应用，并实现全球供应，可从多个供应商处获得。

叠层制造，又称3D打印，是一个变革性技术，有改变工具、使商业消失的潜力，但是现在由于成本高、生产周期长而不适用于批量生产。

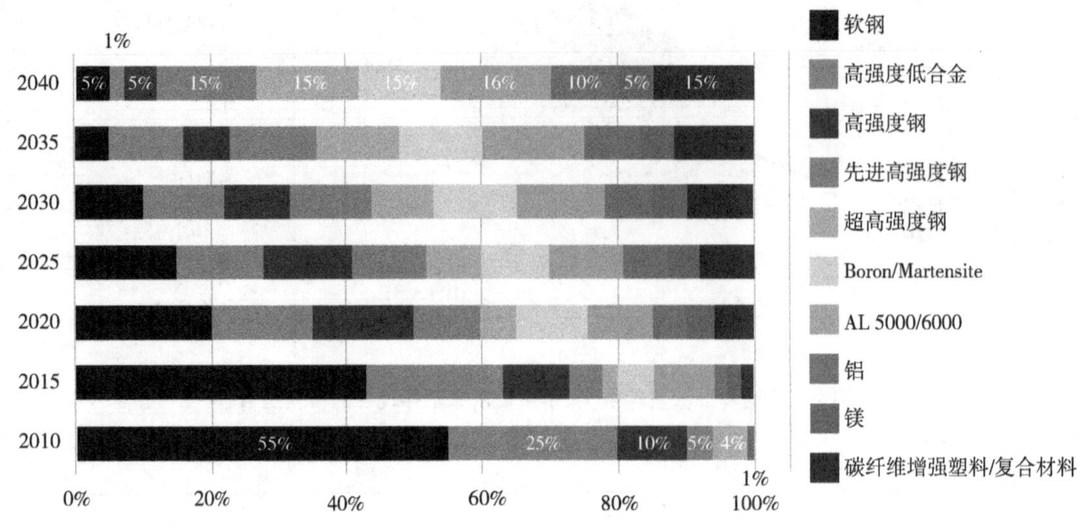


**图10　美国汽车2010—2040年材料分配（白车身加隔板）**

来源：CAR研究。

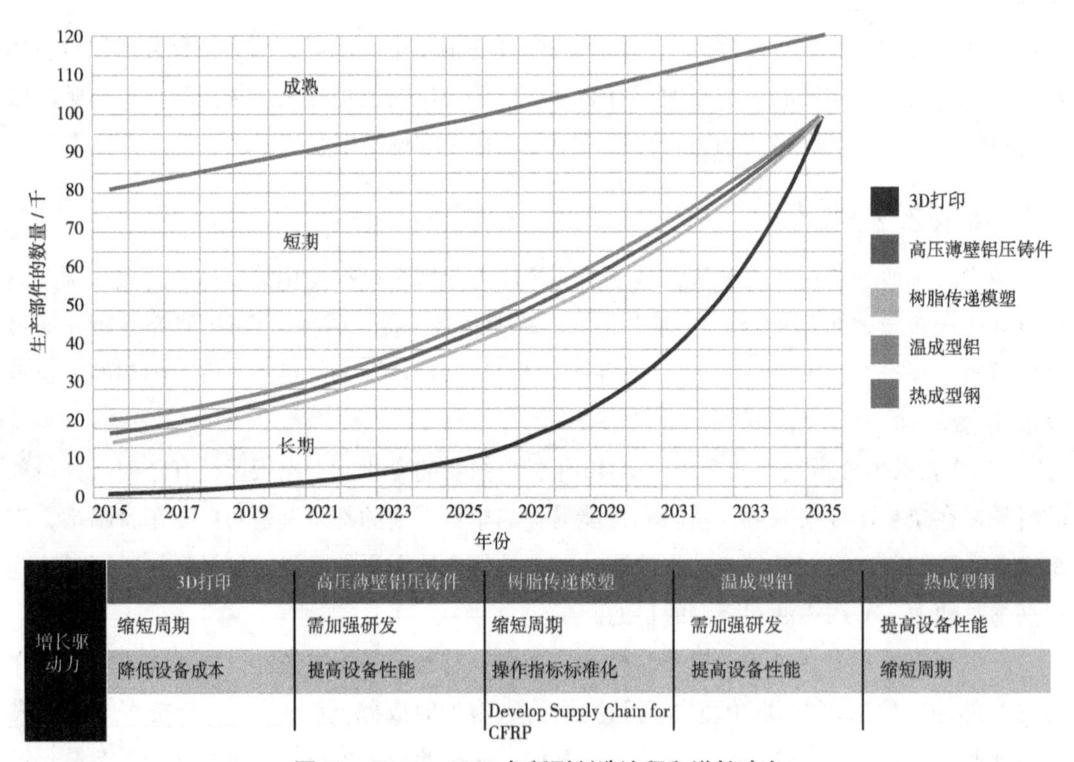


| | 3D打印 | 高压薄壁铝压铸件 | 树脂传递模塑 | 温成型铝 | 热成型钢 |
|---|---|---|---|---|---|
| 增长驱动力 | 缩短周期 | 需加强研发 | 缩短周期 | 需加强研发 | 提高设备性能 |
| | 降低设备成本 | 提高设备性能 | 操作指标标准化 | 提高设备性能 | 缩短周期 |
| | | | Develop Supply Chain for CFRP | | |

**图11　2015—2035年新型制造流程和增长动力**

来源：美国高速公路安全管理局；CAR研究。

新材料会带来新挑战。连接不同材料不是一件易事，有时因为熔点不同而无法使用传统的接触点焊。连接技术，如黏合剂和高级扣件，将在优化组合材料架构时发挥重要作用，因为它们可以连接任何不同的材料（图 12）。

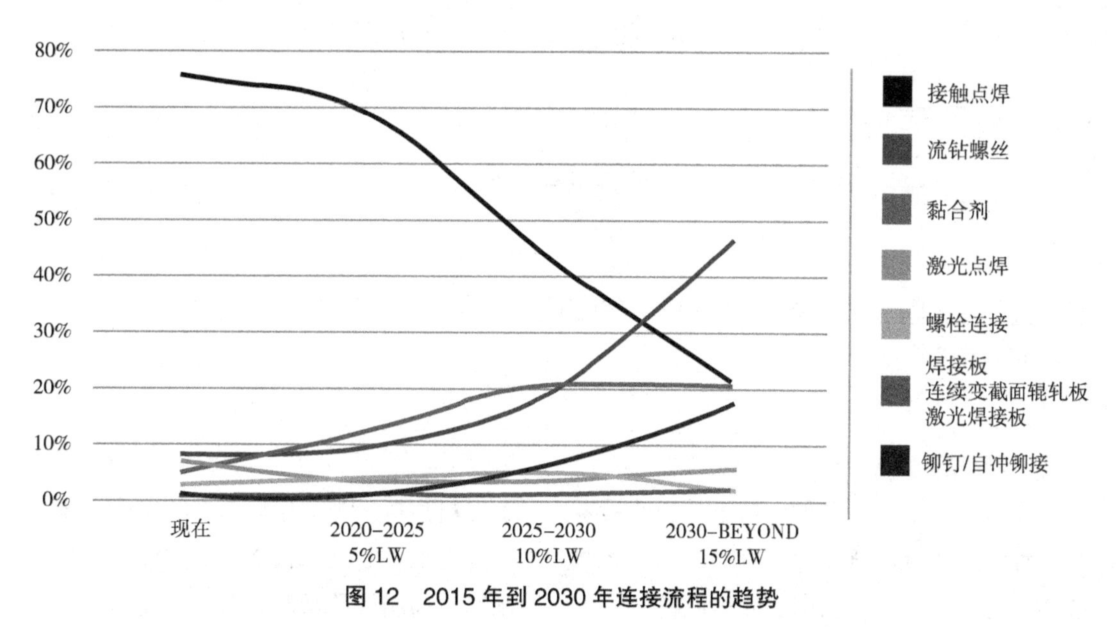


图 12　2015 年到 2030 年连接流程的趋势

注：LW= 轻量。

来源：CAR 研究，卢新泰尔。

## 2.3　驱动力和威胁

（1）驱动力

重型车需要更多动力来移动，为了制造更多动力，引擎耗油也会更多。所以，轻型车动力需求更少，更节约燃油。燃油消耗小，排放量也就相应较低。从全球来看，政府正在制定车辆减排法规，以应对气候变化，这也是轻量材料使用增加的主要驱动力。为了保持竞争力，汽车制造商会给每个年度车型增加新内容，如改进信息娱乐功能和驾驶员辅助传感器、扩大腿部和货舱空间等。CAR 研究表示到 2025 年，美国汽车车重大约会增加 5%，以提高安全性和性能（图 13）。举例来说，每辆车会为了自动驾驶功能增加 200 ~ 300 磅。

为了维持或改进性能和燃油经济性，消费者和安全需求增加的重量要在别的地方抵消。此外，电动动力系统越来越流行，内燃机（ICE）和电池包重量差异也会影响车辆重量目标。其实，纯电动车（BEV）需要比 ICE 轻很多，可行驶里程才能达标。针对 BEV 的法规和消费者预期会加速轻量材料在汽车上的使用。

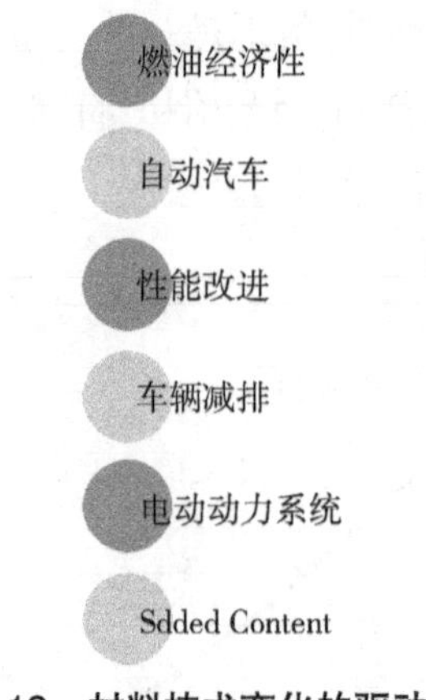


图 13　材料技术变化的驱动力

来源：CAR 研究。

（2）威胁

制造环境中使用多种材料不是一件易事。除了材料连接之外，电偶腐蚀和温度管理也是工程师用混合材料设计车身时的两大难题。工程师更加关心技术挑战，而采购和制造主管更担心新材料成本和可能的供应链风险。叠层制造、树脂转移塑膜和薄膜压铸等新制造技术还都不成熟，这些技术周期更长，全面批量生产的质量问题也还有待解决。图 14 列举了汽车工业在使用新材料和混合材料组件时面临的主要挑战。

| 混合材料连接 | 不同材料的熔点差异 |
|---|---|
| 腐蚀 | 原电池中的相对位置和潮湿环境 |
| 热膨胀 | 热膨胀系数（CLTE）的不同，导致材料在漆炉内膨胀表现不同 |
| 周期时间 | 汽车行业处理周期时间需要与线速度相匹配，大约为一分钟一个单元 |
| 成本 | 碳纤维这样的新材料成本比钢要高很多。汽车使用的碳纤维10～12美元1磅，钢则不到1美元。 |
| 供应链 | 汽车制造商正转向全球平台。材料在多个供应商那里的全球可获得性至关重要 |
| 报废回收 | 汽车上使用的大部分材料应易于回收，以保护环境，达到法规要求 |
| 修复 | 难修理的车辆保险费用更高，影响销量 |
| 人才缺口 | 工程师和车间工人需要再培训，以应对新材料和新工艺 |

图 14　过早使用新材料时面临的挑战

来源：CAR 研究。

## 2.4 监测未来

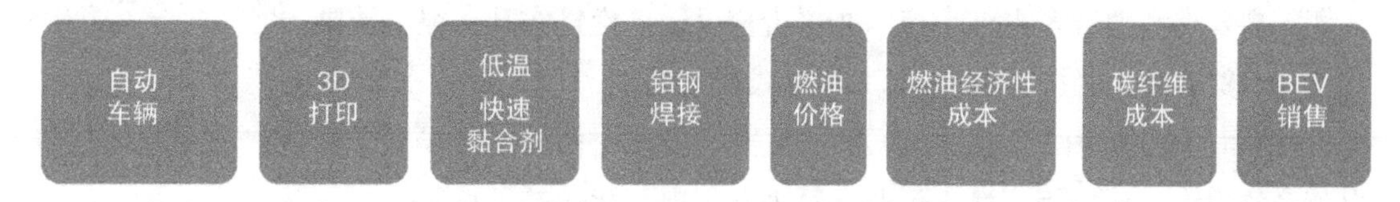


和硅谷的公司一样，汽车制造商正在投资自动驾驶汽车技术。自动驾驶汽车会带来新的商业模式、保险结构和新的移动方式，将会影响汽车设计和材料组合。美国国家公路交通安全管理局（NHTSA）预测显示，92%（±2.2%）的车祸的主要原因是驾驶员①。如果人类驾驶员可被自动驾驶替代，就可避免很多车祸，挽救很多生命。这将让设计师在减少汽车碰撞结构和使用轻量材料时更加灵活。然而，现在自动驾驶汽车的未来和安全性法规还不确定。

另一个要监测的技术是3D打印，现在主要用于原型组件的快速生产，但是如果周期缩短，设备成本减少，其未来还是很有前景的。在材料中，钢铁行业在投资延展性很好的高强度钢。这些"第三代钢"会因为可能的成本差异而限制其他轻量材料的使用，因为汽车制造商还是更喜欢用钢。

其他的不确定性包括聚合物复合材料的成、不同连接技术的创新和可以改变本研究路线图的燃油价格。

# 3 轻型车的推进

因为排放和燃油经济性法规，以及消费者预期的推动，轻型车推进系统近年来发展迅速。然而，很多人相信汽车行业正处在革命性变化的边缘。汽车研究中心（CAR）给出了一份路线图，以更好地理解2030年之前的主要推进系统趋势。这份技术路线图反映了利益相关方的整体预期，也是CAR内部研究的成果，分析了主流咨询公司、研究机构、投行和高等院校的公开报告，并被业内领导者和利益相关方证实。大家认为变革是在所难免的，但是对具体时间框架和技术路线的预测还有很多不确定性。

## 3.1 我们知道的

**产业现状**

制造商投资的推进技术种类很多，其实它们多年来的这种做法反映了极大的不确定性。

---

① Singh S.Critical reasonsfor crashesinvestigatedin the National Motor Vehicle Crash Causation Survey.(TrafficSafety Facts Crash Stats. Report No.DOTHS812 115).Washington，DC：National HighwayTraffic SafetyAdministration，2015.

虽然按理说，法规推动了轻型车推进系统技术的实现，但是消费者最终造就了其他推动技术的成功。在竞争激烈的市场中，车辆性能和价格至关重要。制造商在解决问题时必须要平衡法规要求和消费者需求。与一些报告相反，这份答案其实很不清晰。

100多年来，轻型车的主要动力方式是内燃机（ICE），在北美是火花点火（汽油）ICE。在计算机控制出现之后，ICE也发生了很大变化。但是很多人相信汽车行业处在动力革命的边缘，他们相信汽车行业已经来到了电气化的转折点。

## 3.2 即将发生的

对未来推进技术渗透的预测各有不同，以下的几点是值得思考的。

首先，汽车行业的推进技术即将或已经到达一个拐点。越来越严格的排放法规促进了先进电池的开发，带来了对电气化改变的预期。

其次，区域差异和地方市场特色会造成ICE、电气化，甚至是燃料电池组合的区域性差别。很多案例表明，越发达的市场越支持先进的动力技术，而不太发达的地区要花费更长时间来接受昂贵的高科技。

最后，至少从中期（4～10年）来看，一些政府选择一个技术解决方案，使自己国家的渗透率高于（全球）平均水平。相反，一些国家会推迟法规政策，或使政策最小化，这些市场就会减少对先进推进技术的应用。

在北美及全球，到2025年ICE都会在推进系统市场上最具成本竞争力。汽车行业的供应商和制造商是渐进性变革的主人。未来ICE达到标准的时间也还有争议。然而，行业状况会持续改善，技术的增加也会使火花点火引擎更有效率。

汽油缸内直喷和汽油引擎涡轮增压技术在全球的渗透率还会持续增加。这些技术对近期的效率提高不可或缺，也会持续增加未来收益。一些美国官员近期在推广混动车中很常见的阿特金森循环引擎，认为其可能做出贡献。然而，很多制造商对于其在非混动车上应用的效率持保留意见。可变压缩比（VCR）和均质充量压燃（HCCI）被认为会即将进入市场，但是有可能依然应用较少。12伏停止／启动技术可减少燃油消耗和温室气体排放，可能将会被广泛使用。停止／启动是一个相对实惠的减排方法，可能对发展中国家市场很重要，因为在发展中国家的市场里，成本是新技术的一个很大障碍（图15）。

从全球来看，柴油引擎将继续留在动力技术组合中。然而，因为政府在不断收紧氮氧化物和微粒排放的法规，测试标准也越来越严格，柴油在很多关键市场中会面临逆境。近年来，柴油技术在欧洲已经失去了一定份额，在很多地区也面临着城市地方排放法规的挑战。

显然，轻型车电气化进程已经开始，但是被大众市场接受的时间和电气化的类型还不确定。混合动力电动汽车（HEV）在20世纪90年代中期进入市场，在大部分市场中

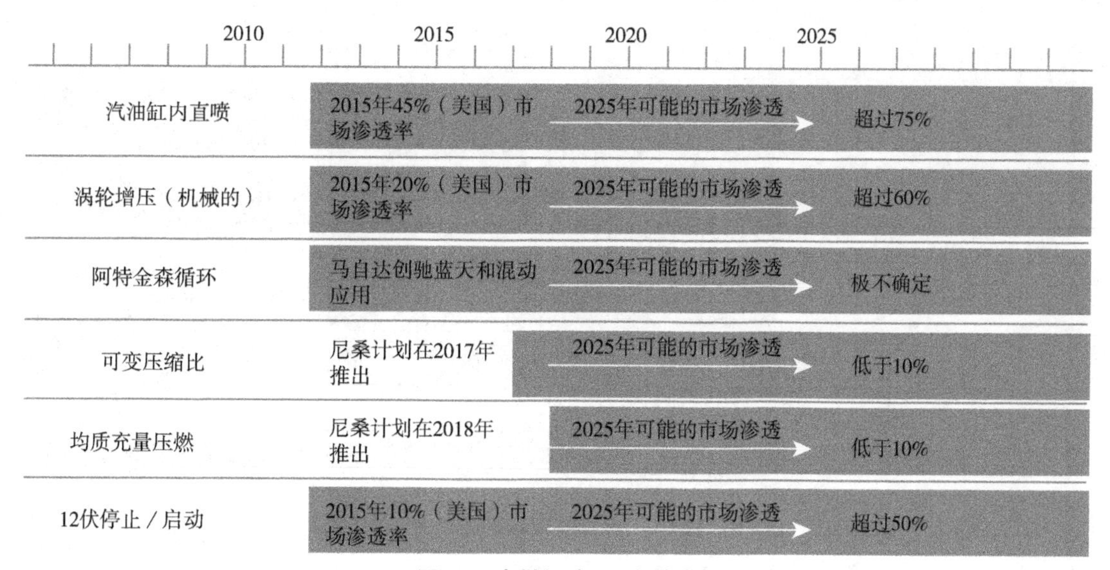


**图 15　内燃机（ICE）技术**

来源：CAR 研究，USEPA/NHTSA 技术评估报告；多个媒体出版物。

苦苦挣扎以求被顾客接受。虽然可以提高效率，但两种推进系统的成本会减少 HEV 的成本竞争力。插电混动车（PHEV）短距离行驶可实现零排放，符合了地方的排放法规。然而，PHEV 成本依然包括两种推进系统，以及更大电池的成本。被人视作是过渡期技术的 HEV 和 PHEV 至少在 2030 年前会变成市场上重要的一部分。

现在，48 伏混动车（轻度混动）刚刚开始渗入欧洲和中国市场，在北美还没有。48 伏混动车可成为豪华车的一种过渡技术，可能也会被应用在北美的皮卡上。

纯电动车（BEV）在未来 10 年里的市场接受度可能会更高。支持者对 BEV 的规程和承诺让人们更加期待这项技术。然而，市场接受程度比不上人们的预期。BEV 性能（历程、充电时间等）依然没有达到大部分消费者的要求。但大部分问题是可以解决的，起码可以最小化。如果成本大大削减，200 英里以上里程且充电很快的 BEV 就会成为先进推进系统中重要的一部分。

但是要注意的是，即使现在人们对 BEV 热情很高，很多主要汽车制造商依然会继续生产燃料电池电动车（FCEV），而将其视为另一选择。尽管成本高、氢气生产、配置性基础设施和车载储存等挑战大大限制了 FCEV 在未来 10 年里的发展，但 FCEV 确实是提供短期小容量的选择。此外，主要生产商在 FCEV 上的投资额也说明这项技术可能会带来长期的可行性解决方案，这也是电池发展过慢时的一个防御性方法（图 16）。

先进能量储存技术的发展是到达电气化转折点最关键的驱动力。高级电池的发展会继续保持较快的速度。电池成本预算是很难预估的，一些公开的预测为了达到营销目的而对此过于乐观，有些则过于悲观。然而，成本肯定在快速减少，性能也在提高。第二代锂离

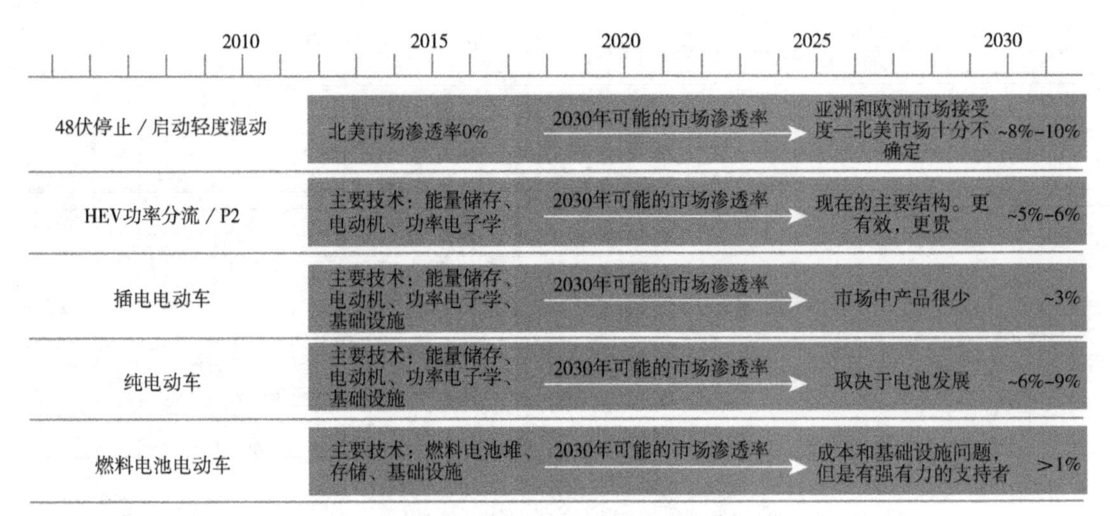


**图 16　电动车技术发展路径**

来源：CAR 研究，媒体出版物的总结。

子电池组成本可能会小于或等于 275 美元每千瓦时（kW・h）。有人预测在未来 10 年里，电池组成本会快速减少，到 2035 年，每 kW・h 为 75 美元。而随着成本的下降，能源和电量的使用却在增加。第三代锂离子电池技术可能要在 2020 年之后才会进入市场，性能可能会进一步提高，成本也会更低（图 17）。

目前，还有几个早期研发的电池技术可能会取代锂离子电池，但是至少还需 10 年才能实现应用，距离在大众市场车辆上使用则需要更久。

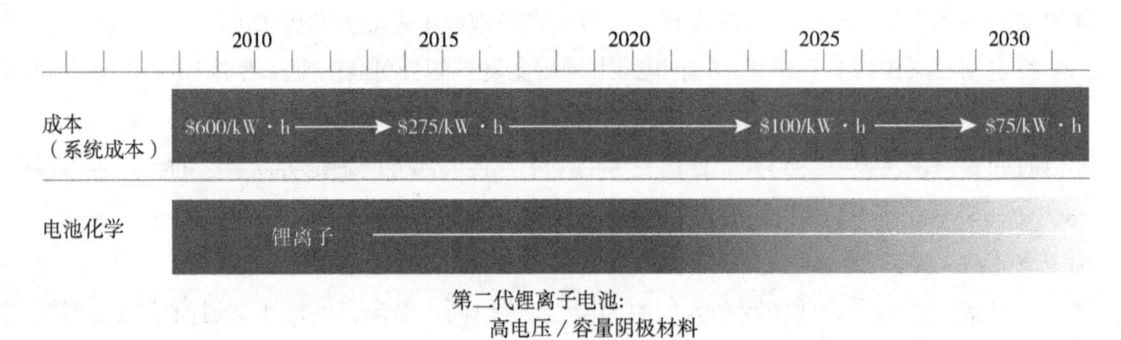


第二代锂离子电池：
高电压／容量阴极材料

第三代锂离子电池：
高级金属合金和复合阳极
高电压和固体复合物聚合电解质

非锂离子电池：
理论密度为锂离子的3~5倍，还不能实现应用的一些早期成果

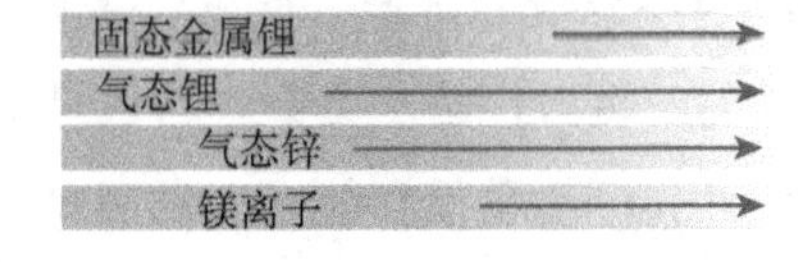


**图 17　高级电池发展趋势**

来源：CAR 研究，多个媒体出版物的总结。

如前所述，已经公开发布的报告对未来推进技术渗透率的预测各有不同，广泛来讲，全球轻型车推进市场可能到了技术转折点，未来 15 年内将发生巨大变化。电气化已在发展，市场份额一直很少的 BEV 也将快速发展。HEV 和 PHEV 技术需要达到未来排放标准，但是这次改变的速度和完全度是无法确定的。

可能到 2030 年，至少 20% 的北美市场份额和接近 30% 的全球市场份额会包含电气化的部分内容。电气化在一些主要市场的份额可能会超过以上预测。然而，内燃机仍会是消费者的一个成本 / 效率目标。但法规肯定会催化这一改变，不确定的则是消费者是否自愿接受这一变革（图 18）。

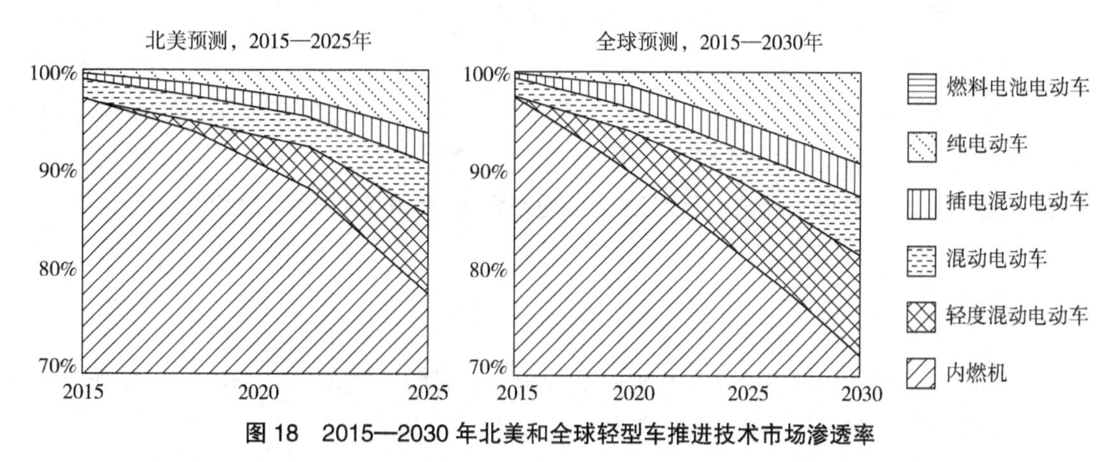


**图 18　2015—2030 年北美和全球轻型车推进技术市场渗透率**

来源：CAR 研究；USEPA/NHTSA 技术评估报告；全球电车展望 2016，国际能源署；合力解决道路运输 $CO_2$ 挑战，欧洲汽车制造商协会；其他。

## 3.3　驱动力和威胁

（1）驱动力

越来越严格的排放法规将会需要更多高级推进技术，甚至可能为电气化革命打开大门。高级电池发展将是轻型车快速电气化进程中的重要驱动力。成本降低，化学反应改进和热力学管理的更有效性将增加电池的容量，也可能减少充电时间，使电气化更吸引消费者。200 多英里的里程和更短的充电时间可能会降低对充电基础设施的要求。

连通性和自动汽车技术的发展在很多方面将与轻型车推进系统的电气化进步共生。随着汽车自动化程度越来越高，对 12 伏系统的征税会很快提高。48 伏或更高的系统可能需要为自动化技术供能。

（2）威胁

消费者接受程度可能是对高级推进技术最大的威胁。美国较低且相对稳定的能源价格会继续挑战高级推进系统的市场接受度。即使电池成本如预期一样大幅下降，也很难与

ICE 的成本竞争。同时，很多消费者对新技术很谨慎。若未来 BEV（或 FCEV）技术没有达到预期，不管是拒绝购买还是给政府施压减少法规，消费者的反应都可能十分强烈。

## 3.4 监测未来

行业利益相关者需要监测几个关键趋势。排放和燃油经济性法规将很重要。那些可以从上到下实施法规的国家，或公众十分重视环境问题的国家将有能力实施更严格的法规。中央控制较少的国家，或者消费者不重视环境问题的国家在实施更严格的法规方面就会比较有挑战性。然而，从全球来看，发展是不会止步的。

技术发展将发挥重要作用。尽管电池发展很快，但还是需要完善才能取代 ICE，而且 ICE 还会持续改进。

这些预测只能作为指导方针来考虑。轻型车推进系统的发展存在很多不确定性。这些预测可能低估了未来 15 年里电气化发展成功的可能性。虽然几十年来，车辆电气化的支持者一直在说 ICE 时代已经结束，但是 ICE 现在依然占全球车辆销售的 98%。

# 4 结论

在以上 3 个技术类别里，还有几个因素可能会影响汽车行业未来的技术进步，包括消费者接受度、成本缩减和不确定性、跨部门交流及政策法规等。

消费者对新材料、新技术或新移动服务的接受度越高，这些技术就越有可能发展。消费者会考虑安全、隐私和保障、环境影响、效率和成本等，市场决定了一辆车能否成功，而不是政府或者技术进步。政府可以让消费者走上某一条道路，但是最终也无法降低消费者的接受度。

成本竞争力是另一个影响因素。汽车制造商和供应商是受成本约束的，会因为某项技术不会过多增加汽车的制造成本而选择支持这项技术的发展。技术发展的道路和成本缩减的节奏是不确定的，如工业 4.0、叠层制造／3D 打印及新移动商业模式。

跨部门交流的增加，汽车制造商与供应商之间交流的增加，以及供应链之间的交流增加需要有效地将技术变化揉进产品中去。随着技术的进步和复杂性的增加，汽车产业和其他产业的跨产业合作会大大增多，这可以从一些技术公司、创业公司、汽车制造商和供应商之间的伙伴关系和合并看出来。交流上的失败可能会导致效率低下，包括成本的增加和材料的浪费。

针对未来的监管，严格的长期协议会促进技术进步。汽车制造商和供应商会规避风险，并希望政府指定的发展方向是确定的。政府政策或监管环境的不确定性是技术进步的阻碍。如果一个政府设定较宽松的标准，全球的 OEM 将继续改善技术来达到其他国家的标准，但是若一个市场与其他市场差异很大的话，制造商可能就不能抵偿开发成本。

## 致谢

此份白皮书总结了加拿大ISED（加拿大创新、科学和经济发展部）汽车研究中心的大部分研究工作。笔者对同事Kristin Dziczek，Richard Wallace，Mark Stevens，BernardSwiecki，Eric Paul Dennis，Dave Andrea和Jay Baron在此项目中的辛勤工作和指导表达诚挚的感谢。Diana Douglass也为我们提供了额外的帮助，在文章创作中起到了协调作用，Shaun Whitehouse制作了所有的图表。



作者：Brett Smith 美国密歇根州汽车研究中心（Center for Automotive Research）
Adela Spulber 美国密歇根州汽车研究中心（Center for Automotive Research）
Shashank Modi 美国密歇根州汽车研究中心（Center for Automotive Research）
Terni Fiorelli 美国密歇根州汽车研究中心（Center for Automotive Research）


翻译：尹志欣，感谢美国Center for Automotive Research的翻译授权。

# 英国碳捕集、利用与封存技术发展路线图

**摘　要**　碳捕集、利用与封存技术在3个方面对英国低碳经济发展具有战略意义：一是要实现英国2050年温室气体排放水平在1990年基础上减少80%的目标，英国必须发展碳捕集、利用与封存技术，否则完成这一任务的成本将十分高昂；二是这一技术对保证英国电力供给的多样性与能源安全十分关键，通过在传统火力发电厂安装捕集装置不仅能实现 $CO_2$ 的大量减排而且还能有效应对电力需求变化，增加英国电力供给的多样性；三是碳捕集、利用与封存技术是英国未来低碳发展的重要机会，英国政府高度重视这一技术对未来发展的重要作用，并希望占据这一领域的竞争优势。

为推动技术尽快实现商业化，英国在2012年发布了《英国碳捕集、利用与封存路线图》，计划投入10亿英镑全面推进碳捕集、利用与封存的发展。本文从英国发展CCUS的基本形势、主要思路和目标、面临的主要挑战、行动计划和具体政策措施5个方面分析了英国碳捕集、利用与封存的发展问题，希望对我国碳捕集、利用与封存技术的发展提供借鉴。

## 一、英国碳捕集、利用与封存发展的基本形势

当前，应对气候变化实现低碳发展已经成为国际大趋势和大潮流，尤其是《巴黎协定》生效之后，全球主要国家竞相发展低碳技术、努力推动低碳发展的格局已经基本形成。在这一国际大背景下，许多国家和地区都尝试通过制定减排目标，利用倒逼机制，实现国家发展的低碳转型。欧盟在2008年制定了在2020年将二氧化碳等温室气体排放量削减至比1990年减少20%的目标，并在2015年进一步提出欧盟成员国要在2030年前把二氧化碳等温室气体排放量削减至比1990年减少40%的目标。虽然英国已经退出欧盟，但英国并没有改变应对气候变化的目标，英国政府2008年颁布《气候变化法案》，并在法案中明确提出了在2050年将温室气体排放量在1990年基础上减少80%这一目标。

另外，碳捕集、利用与封存技术具有独特优势，全球存在巨大的潜在市场。不同于太阳能、风能等其他技术，碳捕集、利用与封存是唯一可以在继续使用煤、石油、天然气等化石能源的同时减少温室气体排放的技术。而化石能源仍是中国、美国、印度、澳大利亚

等世界大多数国家的主要能源，其作为全球主要能源的局面短期内很难改变，在应对气候变化压力不断增大的背景下，这为碳捕集、利用与封存技术创造了巨大的潜在市场。

IPCC 第五次评估报告《决策者第五次评估报告摘要》指出：如果没有 CCS，绝大多数气候模式运行都不能实现缓解气候变化的目标，同时减缓气候变化的成本将会平均升高 138%。而根据国际能源署（IEA）估计，要实现未来全球平均气温上升不超过 2 ℃的目标，需要完成到 2050 年把温室气体排放减少 50% 的减排量，碳捕集、利用与封存技术可以实现这一减排量的 19%（这要求在全球至少建造 3400 座碳捕集、利用与封存装置，其中发展中国家建造 2000 座）。而如果放弃这一技术，其减排成本将上升至少 70%。

发展碳捕集、利用与封存技术不仅对英国实现低碳转型十分关键，而且英国具备发展碳捕集、利用与封存产业的有利条件：一是英国具有碳捕集、利用与封存发展所需的充裕封存潜力和集中分布的固定排放源。二是英国需要利用碳捕集、利用与封存技术实现固定排放源的减排，以达到其 2050 年的减排目标。据测算，2010 年英国化石能源发电量占发电总量的 72%，排放二氧化碳 1.57 亿吨，而 2050 年发电领域计划实现零排放。虽然英国可以通过发展风能、海洋能、太阳能等新能源技术达到这一目标，但英国政府认为采用多种技术是保证能源供给安全、廉价的重要保证。三是先行经验使得英国在采购、制造、工程设计、项目管理、金融、法律等碳捕集、利用与封存价值链的每个环节都具备优势，这十分有利于其在未来碳捕集、利用与封存产业中的竞争。

## 二、基本思路和主要目标

英国政府发展碳捕集、利用与封存的基本思路是：大力发展碳捕集、利用与封存技术，在国内和国际市场推广具有成本竞争力的碳捕集、利用与封存技术；通过加强技术研发和项目示范推广，着力降低碳捕集、利用与封存的成本和风险，使之可与其他低碳技术相竞争；建立完善相应的市场体系，激励社会资本投入到碳捕集、利用与封存产业中来；消除政策、基础设施等关键障碍，加快碳捕集、利用与封存在电力和工业领域的推广应用。

主要目标：到 2020 年使碳捕集、利用与封存技术同其他低碳技术相比具有成本竞争力。到 2026 年实现碳捕集、利用与封存技术的商业化。最终使碳捕集、利用与封存成为英国低碳电力供给的组成部分，英国在全球碳捕集、利用与封存产业竞争中占据优势地位。

## 三、英国发展碳捕集、利用与封存面临的主要挑战

### （一）降低碳捕集、利用与封存的成本和风险

目前英国安装碳捕集、利用与封存装置的火力发电厂平均发电成本仍高于核电，但已

经低于海上风电。总体而言，碳捕集、利用与封存尚未具备大规模推广的成本条件，近年来，英国加强了核电建设，在低碳投资方面对 CCUS 产生了一定的影响。此外，二氧化碳在储层中被长期封存的行为机制尚未完全弄清楚，长期封存二氧化碳的泄漏和安全问题依然存在较多不确定性。

## （二）进行电力市场改革

电力市场对碳捕集、利用与封存的发展具有十分重要的影响，基于 3 个方面的原因，英国政府把电力市场改革作为碳捕集、利用与封存发展面临的关键困难之一：一是碳捕集、利用与封存主要用于燃烧化石燃料进行发电的传统火电厂，电厂安装碳捕集、利用与封存装置的投资成本和碳捕集、利用与封存装置的运营成本都会额外增加电厂的发电成本，如果这些成本无法在电力市场中得以体现，那么就会直接影响到电厂安装碳捕集、利用与封存装置的积极性。二是英国政府主要通过市场竞争，发现成本最低的低碳技术，引导私人资本向这一技术投资，最终实现低碳发展的成本最小化。基于这一大原则，英国政府认为对电力市场进行改革，可以确保碳捕集、利用与封存电厂同太阳能、风能等其他低碳技术之间的竞争，使社会资本投入到碳捕集、利用与封存产业中来。三是英国政府认为碳捕集、利用与封存电厂能够增加英国整个电力供给系统的多样性和稳定性，能够有效地对电力需求的快速变化做出反应，有助于英国电力系统的稳定发展。

## （三）消除其他障碍

其他影响碳捕集、利用与封存发展的障碍包括政策法规、碳价格、技术研发与推广、基础设施建设等。

### 1. 政策法规方面

政策法规对碳捕集、利用与封存技术的发展极为重要，英国至少在两个方面需要完善政策体系以推动碳捕集、利用与封存的发展。一是制定完善的二氧化碳封存战略，英国要实现 2050 年的减排目标，需要封存 20 亿～ 50 亿吨二氧化碳，必须综合考虑各方面的条件，才能实现二氧化碳排放源与封存地之间最优的“源汇匹配”，以实现成本的最小化。二是建立碳捕集、利用与封存整个价值链的具体管理办法和标准规范。

### 2. 碳价格

碳价格变化影响碳捕集、利用与封存的发展。较高碳价格促使发电厂安装碳捕集、利用与封存装置；较低的碳价格会降低发电厂安装碳捕集、利用与封存装置的积极性。近年来，受国际经济危机和气候变化谈判形势的影响，欧盟碳市场（EU ETS）发展速度放缓，碳价格长期维持在较低水平，不利于英国碳捕集、利用与封存的发展。

### 3. 技术研发和推广

解决成本和安全问题的关键在于技术进步，包括示范推广碳捕集、利用与封存项目和研发新方法、新工艺。解决这一问题的关键是需要政府公共资金和社会私人资本大量和持续的投入。

### 4. 基础设施建设

要实现碳捕集、利用与封存大规模推广这一目标，英国必须大力建设碳捕集、利用与封存整个产业链的相应基础设施。包括从电厂、钢铁厂、水泥厂等发电和工业过程中捕集二氧化碳的设备装置，通过管道、公路、铁路、轮船把二氧化碳从捕集地点运送到封存地点的交通运输网络和长期封存与监测二氧化碳的封存监测体系。

## 四、路线图行动计划与具体措施

为解决英国碳捕集、利用与封存发展遇到的这些挑战，实现碳捕集、利用与封存商业化和大规模推广，推动英国经济的低碳转型，英国政府从技术创新、商业化、市场、政策法规等 9 个方面对其碳捕集、利用与封存的未来发展做出计划部署（图 1）。

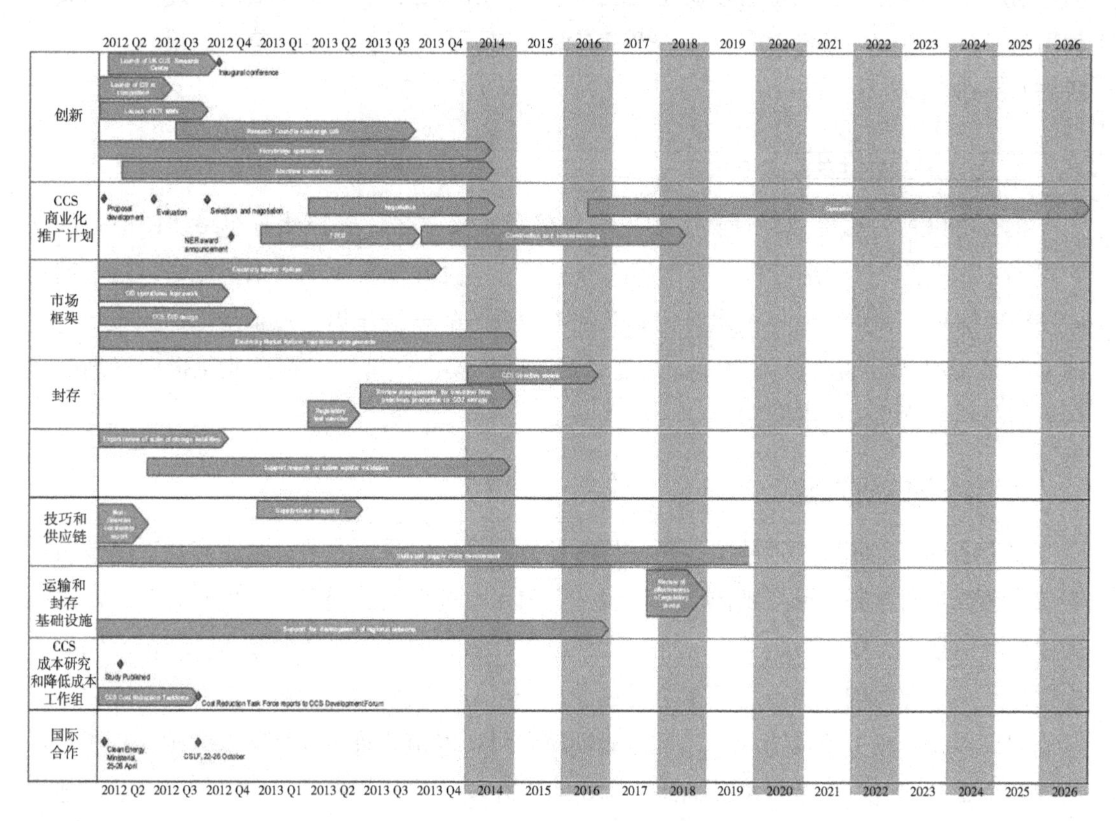


图 1 英国 CCUS 路线图行动计划与具体措施

### （一）创新

英国政府已经投入大量资金用于碳捕集、利用与封存项目的研究，这些投入使英国在

CCUS研发方面具有优势。为进一步推动碳捕集、利用与封存技术的发展，英国政府计划启动一项总额为1.25亿英镑的4年期合作研发项目，其中4000万英镑用于支持相关基础研究，3000万英镑用于各个组成环节的研发和创新，5500万英镑用于做示范工程。为更好地协调和促进研究工作，英国政府计划建立一个新的研究中心，以加强产业界、学术界和政府在碳捕集、利用与封存方面的沟通协调。

## （二）碳捕集、利用与封存商业化推广

碳捕集、利用与封存商业化推广行动的核心工作是降低碳捕集、利用与封存的成本，实现碳捕集、利用与封存技术在2020年的商业化。为实现这一目的，英国政府计划筹集10亿英镑加大支持的力度，资金来源包括政府已有承诺、清洁电力的收益和欧盟碳交易市场新进入配额（New Entrant Reserve）的拍卖费用等。碳捕集、利用与封存的商业化推广计划有助于英国建立一个稳健和强大的碳捕集、利用与封存供应链，创造地区的和全国性的就业和市场，这无论对早期建立碳捕集、利用与封存工厂还是对后期建立碳捕集、利用与封存活动中心都将大有裨益，也将有助于英国大规模推广碳捕集、利用与封存项目所需的基础设施建设。

## （三）市场框架

在利用市场方法推动碳捕集、利用与封存商业化方面，英国政府在路线图中强调从4个方面加以推动：一是进行电力市场改革引导资本投向低碳发电技术；二是通过长期合同发挥碳捕集、利用与封存技术对建立低碳电力系统的积极作用；三是用电厂捕集和封存的$CO_2$收益抵消其碳排放的成本；四是对参与碳捕集、利用与封存商业化推广计划的电厂可豁免其排放绩效标准限制。

## （四）法规框架

政策法规是政府影响碳捕集、利用与封存技术发展的重要手段。恰当和及时的政策能有效推动技术的发展，反之则限制其发展。当前，推进英国碳捕集、利用与封存技术的相关政策既包括水、空气质量等一般性法规，也包括相关的专门法律和政策。英国在路线图中提出从4个方面进一步推动政策法规建设：一是通过碳捕集、利用与封存的商业化推广计划建立和完善相关政策法规；二是进一步建立和完善相关政策以推动欧盟碳捕集、利用与封存中心的建设；三是推动碳捕集、利用与封存项目的公众参与；四是加强行业沟通以确保英国的经验能在欧盟得以推广。

## （五）封存

英国有比较理想的封存潜力，这包括废弃的煤油气井、EOR和EBCM工程及深部咸

水层封存。但为保证实现 2050 年碳捕集、利用与封存的发展目标，仍需要制定清晰的封存战略，以确保英国大规模实施碳捕集、利用与封存时有匹配的、可行的封存潜力可选。此外还需要积累更多的经验以确保能有效降低 $CO_2$ 长期封存的泄露风险。

## （六）技巧和供应链

碳捕集、利用与封存的商业化将会培育和形成一个完整的碳捕集、利用与封存供应链，随着供应链的逐渐成熟，将会涌现出大量新的企业和公司，创造大量新的就业岗位，这些岗位要求职工具有新的技能。因此，加强人才培育和相关技能培训十分必要。

## （七）运输和封存基础设施

大规模推广碳捕集、利用与封存项目必须建设大量 $CO_2$ 运输和封存基础设施，为筹集这些投资，必须从商业和金融方面进行统筹规划，这是英国实现路线图规定目标的一个关键挑战。

## （八）碳捕集、利用与封存成本研究和降低成本工作组

如何降低碳捕集、利用与封存在各个环节中的成本是实现碳捕集、利用与封存商业化的另一个关键难点。为推进这一工作，英国政府计划成立专门的碳捕集、利用与封存成本工作组，对成本难题进行深入研究，寻找降低成本的关键环节，采用有效措施，逐步降低碳捕集、利用与封存的减排成本。

## （九）国际合作

应对气候变化需要全球各国的共同努力。要实现碳捕集、利用与封存的商业化推广，英国政府需要全球其他国家的合作。为此，英国政府在路线图中强调将进一步支持一系列双边、多边和区域性的国际合作。此外，英国政府还积极参加全球清洁能源部长会议、全球碳封存领导力论坛等。英国政府已经同中国、南非等多个国家在碳捕集、利用与封存领域开展合作，通过共享碳捕集、利用与封存的知识，推动 CCUS 的商业化。

作者：郭士伊　中国电子信息产业发展研究院

# 韩国最新物联网产业推进政策举措

**摘 要** 当今，全球物联网产业正蓬勃兴起。韩国早在2009年便出台《物联通信基础构建基本规划》，较早地跟进了物联网基础设施的构建。2014年上半年，韩国《物联网基本规划》正式露面，并第一时间出台了首个下分领域规划——《新一代智能设备 Korea 2020》；2014年下半年，韩国不仅落实了《物联网信息保护路线图》，制定了物联网科研战略，还设立了物联网实证中心，并正式启动由九大机构协同开展的“物联网实证项目”等。纵观韩国近期的物联网产业政策推进及项目实施，其在强化产业主体作用、催生新型及融合技术和服务、释放聚合能量及民官合作机制等方面值得思考及借鉴。

自1984年韩国推出移动电话服务以来，韩国实施信息化产业推进已经有20个年头。期间，韩国在高速互联网络、LTE等互联技术方面均实现了重大突破。目前，物联网是韩国协助提升既有产业能力、创造新产业及服务的重要建设领域，是国家信息化建设中的政策投入高地。2009年，韩国出台《物联通信基础设施构建规划》，该规划被认为是韩国正式推动物联网产业发展的标志性政策文件。2014年5月，韩国正式出台《物联网基本规划》，并设立物联网创新中心，成立民官合作组织——“物联网全球协作组织”。2014年6月，物联网被韩国确立为其十三大未来成长动力产业之一。2014年12月，韩国提出了建设“以人为本的超联[①]创造型社会”的未来国家信息化发展远景，其中，深入研究物联网等在内的超联技术在其五大战略部署之列。紧锣密鼓的政策下达及项目实施跟进，体现了韩国践行“创造经济”的理念，以及活跃国内产业经济、建设全球领先超联国家的坚定决心。

## 1 历年相继出台物联网相关推进举措

韩国在出台《物联网基本规划》之前，已经连续多年出台了相关物联网技术及服务发展举措。1993年，韩国设立信息通信振兴基金，并于1995年制定了《信息化促进基本法》。1996年，韩国出台《信息化促进基本规划》，之后又陆续出台 Cyber Korea 21（1999—2002年）、e-Korea Vision 2006（2002—2006年）、Broadband IT Korea Vision 2007

① 超联（Hyperconnectivity）指的是依靠数字技术使人与人之间、人与物之间、物与物之间、线上与线下之间，以1：1、1：多、多：多的形式紧密联结。

（2003—2007年）、IT 839战略（2004—2010年）、U-KOREA基本规划（2006—2010年）、国家信息化基本规划（2008—2012年）等一系列政策，就完善广域综合网、USN等信息通信基础设施及扩大知识信息服务不遗余力。此后，韩国不仅出台了《物联通信基础设施构建规划》，还在一系列规划中多次明确物联智能作为拉动国内经济的未来动力产业的重要地位。

## 1.1 2009年起实施构建物联通信基础

2009年，韩国出台《物联通信基础构建基本规划》，规划至2012年构建全球一流物联智能通信基础，以使韩国成为未来信息通信融合超一流的ICT强国。规划中提出了构建物联智能通信基础设施、活跃物联智能服务、实现技术开发、营造物联智能推广环境等四大推进课题及12个具体实施课题，还提出将通过增强民官合作、由公共部门率先扩大需求、提高广播电视通信资源的高效利用并减少重复投资及专注开发世界领先的相关国产技术等，推动实现其战略目标。

## 1.2 2010年物联智能通信被确立为广播电视通信十大未来服务之一

2010年10月，韩国发表“广播电视通信未来服务战略”，确定了包括物联智能通信等在内的十大未来广播电视通信服务，并重点投入研发。该战略强调将建立开放型的科研创新体系，针对物联智能通信服务，则提出了确立源泉技术及抢占全球市场的长期目标，并设立了至2018年物联网服务阶段性推进目标。

## 1.3 2011年建立物联智能综合支援中心

为进一步促进物联网技术及服务开发，2011年5月，韩国即投资19亿韩元建成国内第一个物联智能通信综合支援中心。该中心主要面向中小企业及初创企业，为物联智能通信技术商业化提供前期验证环境，同时也向大学、研究所等开放。

## 1.4 2011年年末物联网被确定为七大智能新产业之一

2011年年末，韩国发表“2012年广播电视通信核心课题”文件，其中依据市场发展潜力、产业联动效果及对国民日常生活的影响程度提出，将重点培育智能电视、云、近场通信（NFC）、物联网等七大智能新产业。针对物联网，主要强调了其对于民生环境的促进作用，提出将重点推动智能交通、健康管理、灾害预警等物联网技术应用下相关服务的开发。

## 1.5 2012、2013年积极参与物联网标准化建设

2012年7月，韩国信息通信技术协会（TTA）参与设立全球物联网标准化合作组织

“oneM2M”。除韩国外，参与设立标准的国家还包括欧洲、美国、中国及日本。2013年7月，韩国未来创造科学部联合三星、LG等13家企业及包括信息通信技术协会（TTA）在内的多家公共机构及学界专家，共同建立“物联网标准化协会”，共同谋划推动国内相关技术成为全球标准的可行性方案。

### 1.6 2013年物联网作为互联网新产业领域主要技术重点培育

围绕朴槿惠上台后的“创造经济”国政运营战略，2013年6月，韩国发表“互联网新产业培育方案”，提出以互联网实现创造经济的产业发展愿景，并设立了至2017年培育1000家基于互联网应用的创新型企业、扩大互联网新产业的市场规模等规划目标。方案中提出，将物联网与云技术、大数据一起作为“创造引擎”重点加以培育，并强调将集中开发物联网源泉技术及融合服务，加强相关企业及人才培育及支援，推进龙头示范项目实施，开拓物联网服务市场。

## 2 2014年推出物联网产业规划及相关战略

2014年是韩国就物联网产业实施政策推动十分频繁的一年。2014年上半年，韩国正式出台《物联网基本规划》及《新一代智能设备Korea2020》，还确立了物联网在推动国家未来经济发展方面的重要产业地位。2014年3月，韩国召开经济长官会议，确立了瞄准未来市场需求的十三大未来成长动力产业，并于6月出台具体的产业推进实施规划。这十三大未来成长动力产业包括了九大战略产业及四大基础产业，其智能物联网则被划定为四大基础产业之一。实施规划中强调，韩国将为创新型物联网服务及相关平台创造基础创新环境，重点聚焦信息保护体系的构建、示范项目的实施及相关服务的推广，最终实现物联网服务及平台出口。2014年下半年，韩国落实了《物联网信息保护路线图》，并正式启动由九大机构协同开展的“物联网实证项目”，同时初步明确了到2020年物联网技术的科研方向及预算配置，此外，其他规划项目也正在陆续落地。

### 2.1 《物联网基本规划》

2014年5月，韩国出台了《物联网基本规划》。在规划中，韩国政府提出了成为“超联数字革命领先国家”的战略远景，计划提升相关软件、设备、零件、传感器等技术竞争力，并培育一批能主导服务及产品创新的中小及中坚企业；同时，通过物联网产品及服务的开发，打造安全、活跃的物联网发展平台，并推进政府内部及官民合作等，最终力争使韩国在物联网服务开发及运用领域成为全球领先的国家。

《物联网基本规划》首先提出了至2020年的具体战略目标，包括：扩大市场规模、扩大中小企业和中坚企业的企业数量及雇佣人数、提高物联网技术的应用效率等（表1）。

规划提出了包括促进产业生态界内部参与者之间的合作、推进开放创新、开发及扩大服务、实施企业支援在内的四大推进战略，并细化了涉及三大领域的12个具体战略实施课题（表2）。

（1）以平台及融合建设推动服务创新

根据《物联网基本规划》，韩国首先计划鼓励业界企业合作开发开放平台，用于开发跨部门的，以及例如健康管理、智能家居等以实际民间需求为基础的物联网服务。物联网服务则将聚焦融合物联网、云、大数据、移动等各类信息及技术的新型服务，通过阶段性构建及扩大物联网创新中心等DIY开放实验室，实施基于使用者参与的实证项目等，不断挖掘新产品及服务。

（2）以扶助企业夯实产业发展基础

韩国计划通过民官合作及建立开放创新中心实现企业协同，重点开展跨国及大中小企业合作项目，共同开拓国际市场。规划中强调，韩国将重点开发可穿戴、健康管理、超小型、超电力化等新一代智能设备及零件技术，并重点培育智能传感器产业，确立国内智能传感器核心技术及商用化技术，特别是应用于主力产业及物联网产业的尖端传感器技术。此外，韩国还计划推动物联网技术的传统产业领域应用，强化成果商业转化，并特别为中小企业及高新技术投资企业提供“创意开发→产品试制→创业及商业化→进驻全球市场及实验认证”等全周期综合支援。

（3）以构建健康活跃的环境实现长期发展

韩国强调，将重点进行物联网安全防护，包括：制定“物联网信息安全路线图”，与其他国家在信息安全事故循序应对及分析方面实现信息共享，构建测试安保功能及性能的试验环境，加大嵌入式 OS 等物联网安全技术开发力度，培育相关技术专家等。韩国还计划扩大第五代移动通信及Giga 网络等基础设施，推动应用于远程物联的低电力、长距离、非许可频段通信技术的开发。

韩国计划将现有的科研课题与物联网产业全面衔接，并强化军民及国际科研合作，建立国际标准。此外，针对物联网产业发展过程中发生的与现有规章制度的冲突，韩国将进行法律及制度的优化，并将针对新产品和新服务，采取迅速处理、临时许可等制度应变，从而推动新融合服务快速投入市场。

## 2.2 《新一代智能设备 Korea 2020》

韩国《新一代智能设备 Korea 2020》是其《物联网基本规划》12个实施课题中出台的首个子规划。该子规划提出了至2020年智能设备市场占有率达到40%、培育100家智能设备创业型小精尖企业、开发面向市场的100种创意智能设备的战略目标。规划重点聚焦核心技术突破、产品商业化及全球化、人才培育及和谐的国内产业生态环境构建等。

其中，重点明确了技术研发领域、研发层次和投资合作体系，制定了详细的研发路线图（表3），将新一代智能设备服务根据不同的民生领域进行划分，技术开发重点聚焦平台、设备及零部件等。该子规划重点提出将计划通过鼓励企业协同，开发开放源硬件及推广使用，推进公共领域项目实施，实施奖励优惠政策等，为促进新一代智能设备的国内生产打造环境基础。2012年，韩国曾出台U-turn企业支援政策。U-turn企业是指由韩国人（包括侨胞）在海外经营2年以上的企业，经过缩小或清算海外业务，转而在韩国国内新设与海外业务领域相同的企业或扩大其国内业务。2013年，韩国出台“U-turn企业支援法”，实施税务减免等优惠政策，并设立U-turn企业支援中心。韩国计划通过促进智能设备企业的U-turn转型，补充国内生产实力，期间政府则将不断完善及强化支援。此外，韩国还计划，强化对取得移动通信（GSM、WCDMA、LTE）及近距离通信服务（WiFi、Zigbee、NFC）领域国际标准认证的支援力度，扩大频率自由区域的范围，构建针对新一代移动通信等新技术(5G等)的专业认证实验室，以及修订国家间的相互认定协定(MRA)。

**表1　韩国《物联网基本规划》战略目标**

| 指标 | 2013年 | 2020年 |
|---|---|---|
| 国内市场规模扩大 * | 2.3兆韩元 | 30兆韩元 |
| 中小及中坚出口企业数 | 70家 | 350家 |
| 中小及中坚企业雇用人数 | 2700人 | 30 000人 |
| 使用物联网技术的企业的生产性及效率提升 | 提升30% | |

注：* 市场规模：企业利用物联网技术所产生的附加值效果未包括在内。

**表2　韩国《物联网基本规划》三大领域及其12个课题**

| 三大领域 | 12个课题 |
|---|---|
| 开拓及扩大创意型物联网服务市场 | ①开发有前景的物联网平台、扩大服务 |
| | ②开发融合型ICBM新服务（物联网：IoT、云：Cloud、大数据：BigData、移动：Mobile） |
| | ③开发以使用者为主的创意服务 |
| 培育全球物联网专门企业 | ④推进构建开放型全球伙伴关系 |
| | ⑤培育智能设备产业 |
| | ⑥培育智能传感器产业 |
| | ⑦支援传统产业与软件新产业共同发展 |
| | ⑧提供企业成长全周期综合支援 |
| 构建安全活跃的物联网发展基础设施环境 | ⑨强化信息保护基础设施 |
| | ⑩扩大有线及无线基础设施 |
| | ⑪技术开发、标准化及人才培育 |
| | ⑫构建无条件限制的产业环境 |

表 3　韩国《新一代智能设备 Korea 2020》研发路线

<table>
<tr><th></th><th>平台</th><th>设备</th><th>零件／模块</th></tr>
<tr><td rowspan="2">幸福服务<br>基于可穿戴<br>设备及智能<br>设备的健康<br>服务</td><td>•健康数据管理／分析平台</td><td>•智能设备（如绑带式健康设备）<br>•物联网健康管理终端（如智能拐杖、智能鞋）</td><td rowspan="10">【战略核心零件】<br>•融复合传感器模块<br>•无线电力传输零件<br>•实感型 UI/UX 零件<br>•柔性模拟／数字／RF 集成电路片组<br>•五感传感联动超多视点显示器模块<br><br>【主要泛用零件】<br>•低电量超小型物联网通信模块<br>•3G/4G/5G 多频带电力增幅器（PA）<br>•RF 收发器集成电路片组<br>•多频带柔性天线模块</td></tr>
<tr><td>•开放型基于智能传感器的物联网平台</td><td>•超小型物联网终端<br>•服装／身体识别型可穿戴终端</td></tr>
<tr><td rowspan="3">创意服务<br>新一代<br>超实感<br>媒体</td><td>•高实感媒体<br>•处理／供应平台</td><td>•实感型 UI/UX 终端（如头戴式可视设备 HMD）<br>•穿戴型高实感超小型 HMD（如智能隐形眼镜）</td></tr>
<tr><td>•智能型信息家电联动平台</td><td>•感知型新一代多模式 UI/UX 终端<br>•嵌入式高速个体识别终端（例如嵌入式个体识别照相机）</td></tr>
<tr><td>•云智能个体识别平台</td><td>•浸入式虚拟现实及五感再现终端（如人工触感）</td></tr>
<tr><td rowspan="2">沟通服务<br>超现实<br>智能空间</td><td>•双向开放型自主协作平台</td><td>•双向开放式的以 D2D 为基础的自主协作终端<br>•终端非从属式的基于云的 thin-zero 终端</td></tr>
<tr><td>•智能空间构成情况识别平台</td><td>•虚拟超轻标识终端<br>•智能空间构成／情况识别终端<br>•五感传感联动 4D 智能游戏机</td></tr>
<tr><td rowspan="3">安全服务<br>智能型<br>交通／安全</td><td>•互联汽车联动 V2I 平台</td><td>•智能型交通安全终端</td></tr>
<tr><td>•智能交通安全平台</td><td>•互联汽车联动型终端（如智能交通三角警示架）</td></tr>
<tr><td>•社会安全网联动平台</td><td>•基于智能型物联网的社会安全终端（如智能物联网监视器）</td></tr>
</table>

注：路线图经简化调整。

## 2.3　《物联网信息保护路线图》

2014 年 10 月，韩国出台《物联网信息保护路线图》，提出了“成为全民共享物联网便利的全球一流智能安心国”的规划远景，并制定了三大物联网信息安全实施战略路线及具体的战略推进课题。

三大战略路线包括：

①使家庭／家电、医疗、交通、环境／灾难、制造、建设、能源这 7 个核心产业领域的物联网产品及服务，自设计阶段起至流通、供应及维修等全线实现信息安全保护。其中，强调了 3 项安全保护原则，即确保结构设计安全、确保核心元素开发安全、确保供应网络安全。此外，韩国还计划阶段性地构建网络安全综合应对体系及实施物联网安保认证。

②开发全球物联网安保领先技术，包括设备、网络、服务／平台 3 个层次的 9 项安保

核心源泉技术，即轻质／低耗电密码技术、防止设备伪造及变更的安保SoC、IoT 安保运营体系（Secure OS)、IoT 安保网关、IoT 入侵探知及应对技术、IoT 远程安保管理及管制技术、智能认证技术、IoT 隐私保护技术及 IoT 安保解决方案。为促进技术开发，韩国计划实施开放式 IoT 研发，并推动国际共同研究。

③强化物联网安保产业竞争力。韩国计划，一方面重点挖掘和培育物联网安保领域的优秀企业，推进智能家居、智能汽车、智能工厂、智能电网等 7 个领域的物联网融合型安保实证类项目；另一方面则重点进行市场挖掘，加强物联网制造商与安保企业间的联系合作，开拓海外市场，培育一批物联网安保领域相关人才。《物联网信息保护路线图》规划至 2018 年，韩国政府表示将逐年阶段性地推进落实。

### 2.4 物联网科研战略

2014 年 11 月，韩国未来创造科学部表示，初步计划至 2020 年的未来 5 年间，投入 2996 亿韩元用于物联网技术研发，年均研发预算达到 500 亿韩元，涉及的技术研发领域包括：平台、网络、设备及安保。初步拟定的研发课题包括：物联网设备、网络、平台等综合解决方案，应用于物联网服务的平台技术，用于大规模物联的低价／低电力／高可信度的网络技术，超轻／自控型物联网设备技术，物联网安保技术，以及物联网技术全球标准化。

## 3 最新物联网产业推动项目实施动态

在《物联网规划》出台之后，韩国有关物联网的实施项目逐一启动落实，至 2014 年下半年，基本完成了企业合作组织的构建、实证项目的启动及产业文化宣传等。

### 3.1 启动中小企业培育项目

2014 年 5 月，韩国成立了官民合作下的“物联网全球协议组织”。该协议组织由包括 IBM、三星电子等 26 家国内外物联网领域的龙头企业及韩国未来创造科学部互联网新产业组等有关机构组成，重点通过嫁接国内外龙头企业与中小企业的联系合作，培育物联网领域的创新型企业家及中小企业，协助开展产品及服务项目合作，共同开拓海外市场。为此，韩国特地成立了“IoT 创新中心”，以协助物联网协议组织进行项目规划及运营。

2014 年 7 月，韩国宣布启动“物联网企业家培育项目”。该项目是针对部分拥有物联网产品及服务创意的初创企业及预备创业者，为其提供专利、设计、创业等相关理论指导，以及硬件设计、云服务等产品开发所需技术培训，并提供新产品开发、产品推广及企业合作等多方面支援。一期，韩国选出了 16 个支援课题，对象企业及创业者会获得“物联网全球协议组织”20 多家企业的专业指导及帮助。

## 3.2 实施物联网文化宣传

2014年11月5—14日，韩国未来创造科学部、产业通商资源部协同包括韩国电子信息通信产业振兴院（KEA）等8个相关机构，在首尔、釜山等多地举办“2014物联网振兴周”活动，进行物联网文化宣传，促进企业间的交流。振兴周活动吸引了国内外130多家企业的参与，展示了众多物联网产品及服务，并举办了多场论坛。韩国表示，今后每年都将举办物联网振兴周活动。

为推动围绕物联网的创新文化，2014年7月，韩国宣布成立“物联网DIY中心”，作为《物联网基本规划》中有关“开拓及扩大创意型物联网服务市场”这一推进课题的重要内容加以落实。物联网DIY中心提供创意挖掘、产品制作、开发、商业化等全周期支援，内部设置有开放实验室和开放工厂，还备有产业3D打印机等产品开发工具供创意者尝试相关设计，并实施各类技术教育培训。此外，物联网DIY中心还将作为韩国扶助初创及中小企业的重要基地。目前，首批物联网DIY中心设置在仁川及首尔，未来则计划在全国17个地方创造经济创新中心陆续全面推出。

此外，2014年11—12月，韩国面向首尔8所小学的200名小学生开设物联网DIY体验课程，通过智能机器人等向孩子们讲解简单的物联网基本原理，并让孩子们动手尝试简单的组装及操控。韩国表示，该项活动将于2015年起扩大实施，继续开发此类课程，并举办相关竞赛。

## 3.3 正式启动物联网实证项目

2014年12月8日，包括韩国电子零部件研究院（KETI）、韩国信息通信政策研究院（NIPA）等在内的九大机构签订合作备忘录，共同推进物联网实证项目。九大合作机构共同成立“物联网实证项目推进团”，于2015年起正式接管各类实证项目实施，对物联网平台及技术领域的国际标准及应用服务间的融合性、物联网产品及服务的安保情况等进行体系化的管理。推进团下设经济性及法律制度、信息安全及安保、技术及标准研究等咨询委员会，以及健康管理、智慧城市、农生命、新服务挖掘、国际合作等研究分部，并特别为此设立“物联网实证中心”作为推进团的事务局。

2015年，韩国物联网实证项目预算近170亿韩元，计划首先对智慧城市及健康管理两大领域集中进行物联网产品及服务实验，推进商业化运作。

## 3.4 成立物联网开放源联盟

2014年12月16日，由韩国电子零部件研究院牵头并有50多家韩国企业共同参与的物联网开放源联盟（OCEAN，Open Alliance for IoT Standard）正式成立，联盟成员可以下载基于oneM2M标准的物联网平台开放源码，并应于服务及平台商用化。韩国希望通过该联盟，促进企业协同，构建开放共享型物联网服务产业生态环境，最终实现率先创新物联网未来服务的目标。

## 4 结语

在推动物联网产业发展方面，韩国十分强调物联网产业生态环境的建设及企业组织联盟下的创新聚力及开放合作，视中小企业及高新技术投资企业为产业核心动力，积极培育初创企业，同时强化高校、研究机构在研发及人才培育方面的重要作用，并重视“捕捞”创新资源。韩国为企业系统性地提供全方位、全周期支援，涉及分析、咨询、策划、教育、宣传、市场拓展及业界交流，并配合政策制度及基础设施等软硬件建设及时跟进等，支援层次明晰，覆盖内容全面并衔接得力。

物联网是全球经济及科技发展战略重点，我国也已制定了《物联网“十二五”发展规划》，并在产业、技术、应用等领域获得了一定的成果。但国内物联网产业仍处于发展初期，大部分环节仍在完善及寻求突破的过程中，企业力量、应用水平、规模化、安全性、标准建立、综合服务能力、技术高新性等多方面都亟待突破，未来仍需要政府和市场双重力量的持续推动。与此同时，纵观韩国近期物联网产业的政策推进及项目实施，其在强化产业主体作用、催生新型及融合技术和服务、释放聚合能量及民官合作机制等方面的出色之处，或许值得我们思考及借鉴。

作者：朱荪远　上海图书馆上海科学技术情报研究所